27575

MES MARAIS

MES MARAIS

DESCRIPTION GÉOLOGIQUE
APPLICATION AGRICOLE

**Formation — Repeuplement — Possession
Exploitation des Marais de Dol**

PAR GENÉE.

SAINT-MALO

IMPRIMERIE D'EMILE RENAULT, RUE DE DINAN, 18

1867

DÉCLARATION

Tout égoïste que soit l'usage de l'adjectif possessif *Mon*, *Ma*, *Mes*, je ne puis pas m'en priver.

J'ai toujours dit, MON DIEU !
bien que des millions d'hommes adressent chaque jour la même invocation.

Je disais autrefois, MA MÈRE !
quoique je ne fusse que son douzième enfant.

Je dis aujourd'hui, MES MARAIS !
je n'en possède cependant que la dix-millième partie.

Atôme, en tout,
Être, pour tout.

GENÉE.

INTRODUCTION

Lorsque des hauteurs de Granville, d'A-vranches, du Mont–Saint–Michel, du Mont-Dol, de Châteauneuf et de Cancale, on regarde la circonférence rocheuse, encadrant la mer et les marais de Dol, on est touché de la grandeur du tableau, et le soleil, lui-même, est impuissant à en éclairer toutes les parties à la fois.

L'encadrement offre de toutes parts des sites pittoresques : il est déchiré à pic, et coupé par des gorges profondes, en certains endroits ; il fuit par collines mamelonnées et séparées par des vallées spacieuses, en certains autres.

Le tableau, véritable, est tendu sous cette bordure : vu d'en haut, il est rempli du côté du nord par la mer qui couvre et laisse à découvert alternativement, et deux fois par jour, des grèves immenses.

Le rivage décrit un arc de cercle dont le centre est le Vivier; il est garni, excepté aux extrémités, d'un rideau de maisons de couleur grise comme le sable sur lequel elles sont bâties.

Le centre est boisé comme une forêt.

Au pied des collines méridionales apparaît une longue suite de maisons à toits moisis; elles sont contiguës aux marais les plus exposés aux inondations d'eau douce.

Au pied des grands coteaux de l'est et de l'ouest sont groupées, par villages, des maisons blanches asséchées par le soleil qui les éclaire une grande partie de la journée.

Lorsque la mer est au plein elle divise ce tableau d'un trait aussi brillant que terrible à voir : affleurant le rivage, si quelques flots la grossissaient encore, elle couvrirait, une fois de plus, le tableau jusqu'à l'encadrement.

Aux confins du terrain (1), des châteaux historiques se disputent le grandiose des panoramas naturels ; les chroniqueurs et les artistes y ont puisé d'intéressants motifs à s'exercer, et leurs œuvres ont attiré la sympathie des amateurs les plus patriotes.

Au sujet des marais il ne s'est rien dit, ni

____

(1) On désigne sous ce nom, qui sera conservé ici, les hautes-terres voisines des marais.

rien fait d'aussi agréable. Est-ce parce que tout, jusqu'à l'abondance des moissons, y paraît monotone ?

Oh ! oui, le terrain est charmant ! Tandis que les pauvres marais ne sont que fertiles !

La ville de Dol est assise sur les collines pierreuses situées au sud de la circonférence.

Quelque peu attrayante que soit la vue intérieure des marais, elle ne laisse cependant pas que de procurer, en dehors de certaines réflexions plus ou moins sombres, une jouissance exceptionnelle qui tient à la facilité de découvrir l'ordre d'après lequel ce territoire a été formé. On peut y lire, en effet, une leçon de géologie écrite en grosses lettres : Dieu n'en met que rarement de plus élémentaire à la disposition des écoliers.

En sondant de l'œil les fossés creux qui bordent les chemins, ainsi que ceux qui séparent les parcelles des différents propriétaires, on trouve, en compensation de riantes perspectives, de bien curieuses observations naissant pour ainsi dire à chaque pas.

Tout imposantes que soient les œuvres de la nature, dans le pays de Dol, elles n'empêchèrent pas les grands de la terre de faire de ce boulevard de la Bretagne le théâtre d'exploits fréquemment renouvelés ; les rois eux-mêmes n'y restèrent pas étrangers.

L'histoire, touchant les guerriers et les princes qui gouvernèrent tour-à-tour ce pays, rapporte, avec de grands détails, les caractères généalogiques, physiques, politiques et religieux de ces hommes ; mais les historiens n'ont pas aussi bien scruté la matière livrée par la Providence au travail pacifique du peuple.

Si leurs héros, après s'être disputé avec acharnement la possession de cette matière, s'étaient attachés à en utiliser les qualités, ils l'auraient perfectionnée au point d'en rendre la jouissance salutaire à ceux dont la mission est de la faire fructifier.

Non, ce ne fut pas pour une conquête philanthropique que les guerriers mirent tant de fois le siége devant la ville de Dol : ce fut exclusivement pour une question de prépondérance.

Illustres par la naissance, glorieux par le courage, les compétiteurs furent si nombreux que d'en nommer un seul, quel qu'il fût, on ne pourrait se dispenser de nommer son rival, et, par conséquent, de redire la liste des Romains, des Gaulois, des Normands, des Anglais, etc., etc., qui vinrent ensanglanter le pays ; uniquement pour la gloire du dieu Mars, la seule divinité païenne que le Christianisme ne put renverser à jamais.

Mettant respectueusement de côté les noms patronymiques ; ne citant aucune date dans la crainte que tous les yeux ne l'aperçoivent pas marquée au même point à l'horloge du temps, on ne s'appliquera ici qu'à l'interprétation des phénomènes naturels dont l'origine touche à l'infini.

Si parfois on s'arrête à considérer quelques régimes d'ordres politiques, on les fera passer comme des ombres qui terniraient les actes réitérés du grand labeur populaire.

Aussi bien, pourquoi ne pas accorder quelque préférence à l'analyse des travaux appliqués par l'homme à la matière première ? Si l'on considérait que ce sujet eût moins de grandeur que celui qui traite des personnages historiques, il n'expose pas, au surplus, à réveiller le système de la prépondérance individuelle ; ce suprême écueil contre lequel la barbarie a écrasé tant de générations.

Les marais de Dol sont un véritable champ clos où les travailleurs n'eurent jamais de relâche ; car aux avantages qu'on en retire la Providence a mis des conditions qu'il importe de ne pas méconnaître si l'on tient à correspondre à ses vues.

Du reste, ce territoire ne trompe personne : d'un coup d'œil on en découvre toute la superficie ; et, à l'intérieur, il est marqué à des âges en dehors de toute discussion. Il ne conviendrait même pas de l'étudier sans avoir égard à l'ordre chronologique qui le caractérise et sans se conformer aux différents états par lesquels il est passé.

La véritable histoire des marais de Dol se divise catégoriquement comme suit :

Époque Forestière.

Époque Aquatique.

Époque Agricole.

Après réflexion, on se convainc que l'époque forestière fut précédée d'un changement radical d'après lequel l'état des lieux est resté déprimé de 45 mètres environ.

Présenter en quelques mots l'opération du *creusement des marais*, de même que le signalement des grèves où la mer, avant d'être productive, exerça sa force expulsive, c'est ouvrir la marche naturelle de la formation et de la transformation du pays.

CREUSEMENT DES MARAIS [1]

La mer, trouvant une matière désagrégée,
la déplaça pour se creuser un lit.

Les matériaux terrestres qui remplissaient
le bassin limité au nord par Granville, au
sud par Dol, à l'ouest par Cancale, à l'est par
Avranches, étant jetés au plein, on devait
croire que cette contrée était définitivement
acquise au domaine des eaux (2).

Comment aurait-on supposé, en effet,
qu'après avoir occupé le continent jusqu'au

---

(1) Au chapitre final (1ʳᵉ Observation), on trouvera les raisons
de désagrégation, de l'arrangement particulier de la matière, et
du déplacement qu'elle subit à l'époque de l'abaissement du sol
qui forme aujourd'hui les marais.

(2) Il serait superflu de faire entrevoir que les continents voisins participèrent à niveau égal à la submersion du continent
dolois.

point de couvrir les vallées rennoises, d'un côté, et montaubanaises, de l'autre, où elle laissa les vestiges irrécusables de sa présence, la mer dût rentrer un jour dans la vallée de la Manche et fixer son rivage au pied des rochers de Chausey qu'elle avait tenu plongés dans son abîme ?

Cependant l'ordre des choses était ainsi posé, à savoir : que la mer parcourrait diverses étapes sur la rive bretonne, puis laisserait, pour mesurer la distance de ses gîtes, les débris les moins corruptibles de ses habitants.

De là vient qu'on trouve à des hauteurs remarquables, au-dessus du niveau des mers actuelles, des amas de coquillages qui furent jetés au plein par les marées, alors qu'ils n'étaient plus que des débris chroniques des bancs sur lesquels ils avaient vécu.

Si des gisements de même nature ne sont pas observés sur une infinité de points submergés à la même époque, il faut l'attribuer aux vallées étroites, aux rochers, à l'abondance des matériaux mis en fluctuation et aux degrés de profondeur des eaux.

Pour se multiplier, les coquillages exigent une mer abritée des vents et s'étalant sur des grèves spacieuses que les marées découvrent et ravivent chaque jour; de plus, ils s'accommodent de quelques affluents d'eau douce dont l'état physique et chimique modifie les derniers flots qui les baignent et la partie des grèves où ils séjournent.

La mer, agissant sur des matériaux privés de cohésion, avait approfondi le bassin des marais de Dol à un degré trop avancé pour permettre aux coquillages d'y prospérer dans les premiers âges; les vallées de la Rance et de l'Ille étaient bien mieux disposées pour ce but : aussi y trouve-t-on des productions de ce genre amassées à des étages très-ascendants.

De Chausey à Dol, d'Avranches à Cancale, aucune matière encombrante ne résista aux flots de la mer; seuls, les noyaux rocheux nommés Tombelaine, Mont-Saint-Michel,

Mont–Dol, Lillemer, sont restés debout avec l'aspect de grandes dames (1) pour témoigner de la hauteur à laquelle atteignait la matière qui les environnait primitivement.

---

(1) Le mot *dame* signifie ici des cônes comme on en ménage dans les travaux publics pour mesurer la quantité des matières déblayées.

ÉPOQUE FORESTIÈRE

S'était accompli un changement de rapports entre la mer et la terre : dans la nouvelle condition, le sol des marais de Dol passa de l'état sous-marin à l'état sous-atmosphérique.

Le fond de cette nouvelle contrée, réchauffé par les rayons solaires, dessalés par les eaux de pluie et par celles qui dérivaient des hautes-terres, acquit un degré de consistance convenable et s'assimila les principaux éléments de la végétation. Sans la chaleur du soleil, mitigée par l'action des eaux douces, le sol de ce bassin fût demeuré fruste comme une lande ou comme un désert. Mais, une fois que la mer se fut éloignée des côtes rocheuses qu'elle avait dégradées par la puissance de ses flots, les collines, entrecoupées de dépôt d'argile, comme il s'en dessine çà et là sur les rives gauches des vallées, ainsi que dans les crevasses qu'on observe aux rives droites, se couvrirent d'une végétation splendide.

Favorisés par le soleil et par la pluie, loin des flots marins dont l'empire était désormais borné au dehors de la ligne de Granville à Cancale, les végétaux herbacés, de même que les ligneux, fleurirent bientôt autour des vallées qu'irriguaient d'ailleurs les eaux fertilisantes des coteaux les plus élevés.

Cette végétation acquise primitivement au terrain devait forcément se répandre avec une opulence au moins égale dans les marais; car, ceux-ci recevaient, par une pente naturelle, des eaux chargées de fruits en même temps que les principes terreux propres à les faire germer.

Qu'on ne s'étonne donc pas si, à la suite de quelques siècles, les basses-terres se trouvèrent couvertes des végétaux particuliers au climat. Avec une bordure de 144 kilomètres sillonnée d'une dixaine de cours d'eau d'un moyen volume, et d'une centaine de ruisseaux ; avec un sol d'alluvion marneuse incliné vers la mer, qui s'était retirée à 48 kilomètres des collines doloises, il n'en devait être autrement.

Oui, la végétation des basses-terres fut aussi variée que luxuriante ; qu'on interroge, si on en doute, les matières tourbeuses et les trouvailles organisées végétalement qu'on rencontre dans le sous-sol. Bien que plusieurs siècles se soient écoulés depuis la formation de ces dépôts ; bien qu'une infinité de causes se soient jointes à la déperdition et au tassement pour les effacer, le plus simple procédé d'investigation suffit encore pour constater d'immenses tas de débris de forêt. Des pieds d'arbres fossiles, des frontaux armés de supports de cornes de 80 centimètres de longueur, trouvés au sein de la tourbe forestière, attestent évidemment l'existence d'une forêt peuplée de végétaux et d'animaux de grande espèce.

Tous les chroniqueurs s'accordent à dire que cette forêt était connue sous le nom de Scissy : cette unanimité, assez rare d'ailleurs, vaut la peine d'être notée, et certes qu'il serait de mauvais ton d'y contredire.

Le arbres qui la garnissaient appartenaient aux espèces *chêne*, *hêtre*, *tremble* et *coudrier* (1). On trouve, dans la tourbe, des noisettes, des involucres en cupule du chêne et des involucres quadrivalves du hêtre. Ce qui a fait dire que la destruction de la forêt eut lieu à l'équinoxe d'automne, époque des grandes marées, et de la maturité des fruits d'arbres forestiers. On examinera plus loin si une ou quelques marées suffirent pour bouleverser dans toute son étendue une forêt telle qu'était celle de Scissy.

----

(1) Ce détail n'a d'importance qu'à raison de ce qu'aucun arbre de ces espèces ne prospère actuellement dans les marais : au chapitre final, cette question sera examinée.

La forêt de Scissy était boisée plus particulièrement dans les baies avoisinant les collines méridionales ; elle s'éclaircissait au fur et à mesure qu'elle se rapprochait de l'axe des vents marins qui passaient entre Granville et Cancale. On pourrait bien sans trop hasarder en dresser le plan en la faisant appuyée, d'une part, sur le territoire compris au sud-ouest d'une ligne tirée de Roz-sur-Couësnon et aboutissant à la Houle de Cancale; appuyée, d'autre part, au nord-est d'une ligne tirée d'Avranches à Granville et passant derrière la pointe de Carolle.

Pendant que la mer limita son domaine aux parages de Chausey, les baies du Mont-Saint-Michel, de Dol et de Châteauneuf, se couvrirent d'une végétation dont on se ferait difficilement une idée si on ne tenait compte de l'influence exercée par les cours d'eau de la Sée, de la Cellule, du Couësnon, du Guyoul, de Cardequin, des biefs Jean et Meneuc, tous chargés de matières fertilisantes.

Toutefois ces cours d'eau n'apportèrent pas les mêmes tributs à la végétation sylvestre : n'étant ni doués, ni disposés de manière à fonder des atterrissements identiques, ils enfantèrent des phénomènes dont la bizarrerie a servi de motif à des légendes ravissantes. Est-il hors de propos d'en donner ici une explication plausible ?

On sait, en effet, qu'il existe des fondrières dans les grèves du Mont-Saint-Michel et qu'il en existait jadis dans la mare Saint-Coulman. Quoique ces localités soient distantes, l'une de l'autre, de 28 kilomètres, et qu'elles soient distinctes par la matière qu'elles contiennent, elles se prêtent à merveille à inspirer la poésie.

Y a-t-il rien de si beau que d'assister, du haut de l'observatoire du Mont-Saint-Michel, laissé debout par la nature au centre des grèves, au spectacle dont les péripéties se déroulent sans relâche dans le laboratoire qui fonctionne au pied des spectateurs !

On croirait vraiment assister aux premiers jours de la création : alors que les végétaux, les animaux terrestres et la femme attendaient à naître.

Sous l'empire d'une mer qui, d'un côté, s'agite à 16 mètres plus ou moins haut ; sous la réaction de la Sée, de la Cellule et du Couësnon qui, de l'autre, fluent et refluent d'après les degrés des marées ; il est certain que la forêt de Scissy ne put prendre racine autour des estuaires dont les grèves Saint-Michel sont le rendez-vous : il n'est pas douteux, non plus, que là, où le sol était trop mobile pour se prêter à la végétation, l'homme en marche ne put trouver un appui à ses pas.

Aujourd'hui que les eaux salées sont revenues des bas-fonds de Chausey pour repousser les eaux douces jusqu'à Avranches et à Pontorson, il est manifeste que les estuaires nouveaux sont encore moins affermis qu'à l'époque forestière.

Aussi, dans les temps où les voies publiques étaient à peine tracées, bien des voyageurs qui s'aventurèrent sur ces plages, dont l'aspect les trompait, furent saisis de vertige ; et ceux qui eurent la chance de s'en retirer racontèrent leur sauvetage sous des couleurs miraculeuses.

N'est-ce pas les fondrières tourbeuses, comme celle de la mare Saint-Coulman, qu'on dit être hantées par les fées blanches ?

N'est-ce pas encore dans les fondrières de sable blanc, comme celles de Saint-Michel, qu'on dit être écloses les fées noires, rouges ou couvertes de haillons multicolores ?

Qu'on ne s'y fie pas ! Ces quêteuses d'aventures, propices un jour aux héros de roman, restent évanouies à l'instant du danger réel.

A part donc les impossibilités locales, résultant des gouffres creusés par les eaux, l'ancien golfe de Dol était transformé en une forêt qui étendait ses branches jusqu'à la ligne des vents de mer : de cette ligne jusqu'au rivage,

reculé dans la vallée de la Manche, la végétation agricole prospéra à l'aide des procédés
les plus simples, les seuls qui fussent d'ailleurs
en usage à cette époque.

Que si l'on était tenté de croire que de
toutes parts on dut affluer pour prendre
possession de cette contrée fertile, on se représente, auparavant, que le sol de l'Armorique
n'était que fortement charpenté, et qu'on
n'en avait aperçu jusqu'alors que les som-
mets; ensuite, que les pièces les plus im-
portantes de cet édifice n'étaient pas encore
assez avantageuses pour attirer de nombreuses populations : les communications
d'un relief avec un autre n'eussent offert ni
sécurité ni profit aux hommes qui ne vivront
jamais, pas plus qu'ils n'ont vécu à l'aise, que
là où la nature leur a ménagé des hors-d'œuvres

Non, les habitants des plateaux élevés et fertiles de l'intérieur du pays ne quittèrent pas en foule leurs domiciles pour hasarder leur existence sur les rochers, ni sur les lais de mer les plus récents.

Pourtant, les siècles avaient remué tant de matières ; le lit de la Manche était devenu si étroit, la forêt doloise si luxuriante, si peuplée des animaux du goût de l'homme, qu'il appartenait enfin à celui-ci de venir en jouir.

Oh ! s'il était permis de dire que la terre promise change de place, et de réveiller ceux qui, à un moment donné, y ont trouvé le bonheur : le premier devoir forcerait à reconnaître qu'à une époque les habitants de la forêt de Scissy vécurent entourés de biens.

A qui la faute si l'intérêt social n'égalait pas le bien-être individuel ? Si la liberté était fourvoyée ? Qu'on en accuse les institutions d'après lesquelles on semblait se faire un jeu d'apporter des entraves à la félicité publique.

Au bord de la forêt de Scissy, du côté du

rivage, l'air marin, contraire aux arbres, favorisait la culture du froment ou bien transformait en plantureuses prairies les terres non labourées ; ni les efforts de la spéculation, ni l'excès de travail n'étaient nécessaires pour y récolter de copieuses moissons.

Au-delà du rivage, une grève coquillière, qu'une mer poissonneuse ravivait chaque jour par les marées, les plus variables en étendue, charmait les sens et les appétits délicats.

Au midi, une forêt peuplée des grands ruminants que Dieu n'a créés que pour élaborer les végétaux au profit de l'homme qui se nourrit de leur chair et se vêtit de leurs dépouilles, les gros soins de la vie étaient sauvegardés.

A l'abri des coteaux rocheux et des collines circonscrivant cette contrée, l'atmosphère se combinait dans des proportions d'autant plus vitales que jusqu'alors aucune cause délétère ne s'était fait sentir de la part des générations antérieures.

Quoi de mieux disposé pour l'accroissement rapide de la population ? Mais les dons de la nature ne suffisent pas à l'homme : avant de composer une nation populeuse et libérale il lui faut la solidarité ; l'affliction pour le mal des autres, et la joie pour le bien qui leur arrive. Manque d'homogénéité sociale, les habitants de Scissy ne poursuivirent pas leur véritable but ; gouvernés par des lois aussi peu conservatrices de la raison que du repos, ils devinrent enclins à recevoir le coup de la mort sans murmurer : ils s'y prêtèrent même de bonne grâce quand ils y furent conviés par leurs chefs.

Mais le contraste entre l'abondance des principes vitaux, d'une part ; et la négation d'exister accusée de la part des vivants, d'autre part, pouvait-il se prolonger ?

Non, le Créateur n'a pas ordonné à la matière de se ranger ici ou là pour le bien de ses créatures, sans que celles-ci ne remplissent les fins de propagation et d'amélioration correspondantes à la richesse de cette matière ; des lois d'un naturel plus harmonieux devaient succéder aux usages barbares de ce peuple-enfant.

Or, au milieu des mœurs où le sang humain était moins bien ménagé que la sève des arbrisseaux, ce sang qu'enrichissait journellement une circulation des plus florissantes, l'ordre de n'en plus livrer en sacrifice était arrivé d'Orient au nom du divin Rédempteur, qui avait voulu être la dernière victime de la barbarie et le premier Sauveur des hommes.

Avec cet âge de régénération, des disciples dignes de la faire comprendre étaient eux-même apparus.

Les apôtres de la religion révélée se répandirent vers le nord en suivant les agglomérations humaines : sans armes et sans richesses, ils publièrent en tous lieux la devise infaillible du rachat des peuples : « Croissez et multipliez, disaient-ils ; aimez-vous les uns les autres.»

A ces simples paroles tous les continents ouvrirent leurs cœurs avec cette libéralité qui les a toujours portés depuis à éviter l'effusion du sang. (Qu'importent les réminiscences de certains passages qui, comparés aux époques les plus barbares, ne le cédaient pas en cruauté ! La mémoire s'en afflige, l'espérance s'en console.)

Dans la forêt de Scissy, le paganisme fut victorieusement combattu par une pléiade de missionnaires dont le foyer s'anima d'une succession croissante de néophytes affermis. Heureux de vivre et de contempler leurs véritables destinées, les aborigènes délaissèrent le culte des végétaux, ainsi que celui des sacrifices que les prêtres ou les prêtresses exaltaient au sommet des rochers : ils se livrèrent corps et âmes au culte du Christianisme, pur du sang des victimes et auteur de l'amour réciproque.

Dès lors l'homme élevé à son apogée se multiplia sur le continent armoricain ; il forma des agglomérations sous le patronage des premiers prédicateurs de l'Évangile et il a continué depuis d'en sanctifier la mémoire.

Dol et les marais furent des premiers à mettre à profit les nobles exemples d'une morale intègre qui devait les conduire à grands pas vers une civilisation générale.

La conquête des cœurs aux principes chrétiens est facile : la reddition des peuples à un gouvernement oligarchique reste encore à ratifier.

Ne faudrait-il pour confirmer cette proposition que l'appui des annales de l'Église bretonne, dont la ville de Dol posséda, pendant plusieurs siècles, le siége métropolitain. On y voit, en effet, que les missionnaires chrétiens n'eurent qu'à enseigner les vérités évangéliques pour être respectés et obéis; il n'y a pas d'exemple de tyrannie commise à leur égard, de la

part des indigènes. Bien qu'il ne s'en trouve
pas non plus au sujet du mode d'administrer
civilement, ils n'ont cependant jamais joui
d'une paix profonde de ce côté ; car le gouvernement de Bretagne, dont ils devinrent la
racine et qui leur doit ses plus beaux rameaux,
fut chargé d'une infinité d'ennemis qui pour
un roi, qui pour un autre, se battraient encore si les rois de France n'y avaient mis le
holà.

Quoi de plus embarrassant pour les missionnaires du Christ que d'organiser un
gouvernement civil, avec un pouvoir exécutif !

Instruits des difficultés que comporte l'ordre social, l'histoire des constitutions les plus
célèbres pouvait-elle les édifier ?

Trouveraient-ils dans leur propre expérience une forme d'autorité assez puissante
pour avancer toutes les classes sociales vers
une égale civilisation ?

Et cependant le peuple qu'ils avaient à
diriger était tout neuf, tout fidèle, tout plein
d'abnégation ; leurs enseignements, qui pré-

paraient la densité des populations, étaient une garantie contre l'abus de la force étrangère.

Quelque favorables que fussent les circonstances pour innover dans le régime politique du vieux monde, les missionnaires suivirent les errements de l'époque ; ils accomplirent ce fait considérable, à savoir : que d'où venait la mission religieuse d'où devaient procéder les institutions civiles.

Eh bien, le Christianisme fut introduit dans le pays dolois par des missionnaires arrivant de la Grande-Bretagne.

D'après les institutions anglaises, un cumul d'intérêts était confié à quelques familles disséminées que l'on qualifiait d'un titre de noblesse. Rappeler que ce système fut considéré comme une source de force et de crédit, ajouter que pour en prévenir la décadence on avait imaginé de perpétuer le titre, la fortune et l'autorité sur la tête d'un seul membre de la famille, en suivant l'ordre de primogéniture masculine, c'est redire que ce gouvernement, ne mettant en jeu qu'une petite minorité dont l'élection relevait du hasard, ne satisferait pas toujours la raison d'une société civilisée.

Répéter que les puînés, jouissant parfois des qualités recherchées du peuple, et ce dont les aînés pouvaient manquer, grouperaient autour d'eux les éléments de la révolte, c'est consacrer des faits dont les histoires les plus anciennes ne sont pas sans exemple.

Telle était néanmoins la constitution de l'Angleterre : celle qu'on appliqua au pays de Dol lorsqu'on y abolit les coutumes du paganisme.

Combien les œuvres humaines fourmillent d'étrangetés !

Sans parler de la guerre, dont les armes n'ont poli que les aspérités des montagnes rocheuses de l'Armorique ; sans énumérer tous les artifices inventés pour culbuter les pouvoirs ; quoi de plus singulier que la diversité des caractères et des institutions actuellement en vigueur chez les peuples des deux rives de la Manche : chez ceux-là qui professèrent originairement la même religion, et qui furent soumis aux mêmes lois sociales!

La Grande-Bretagne a conservé presqu'entières les institutions civiles de cette époque antique ; pourquoi a-t-elle délaissé les préceptes et la discipline des pieux missionnaires qu'elle avait dépêchés sur le continent armoricain ?

Sur les côtes bretonnes la religion révélée existe toujours dans la plénitude de son caractère primordial ; les institutions civiles, seules, ont été profondément modifiées.

On dirait vraiment que les deux rives de la Manche ne s'étaient rapprochées que pour faciliter l'expansion du Christianisme; et que, s'écartant plus tard, elles dussent s'opposer aux tergiversations des arrière-neveux des saints qui apportèrent la foi chrétienne de ce côté-ci.

***

Vieillis dans le paganisme, régénérés dans une foi nouvelle, les habitants de Scissy acceptèrent sans débat toutes. les formes d'autorité préconisées dans la patrie des missionnaires.

L'union religieuse et civile, ayant franchi le détroit de la Manche, devint ici comme de l'autre côté aussi bien cimentée que les villes et les châteaux des évêques comtes de Dol, ainsi que de leurs bien-aimés et féaux gentilshommes.

Durant cette alliance, des troubles infinis glissèrent de proche en proche jusqu'au pouvoir le plus élevé, non pour en modifier les principes, mais uniquement pour en changer les personnages.

Seule, la Providence poursuivant des plans

de plus en plus harmonieux n'est jamais soumise : pas même au pacte le plus ingénieux.
De son levier, sans longueur et sans appui, elle
bouleversa, comme on va le voir, cette belle
forêt, cette terre promise mais encore trop
imparfaite pour les générations futures.
Sous ses coups, aussi terribles dans le
présent que féconds pour l'avenir, les seigneurs, qui avaient pris possession des bois
et des terres de Scissy, virent tomber le plus
beau fleuron de leurs couronnes entrelacées.

ÉPOQUE AQUATIQUE

L'histoire de cette époque, bien que remontant à plusieurs siècles, a laissé des matériaux qui lui donnent un air de fraîcheur quasi-moderne.

C'en était fait de la forêt de Scissy, et les habitants, poussés par la mer, furent contraints de se retirer sur les hauteurs environnantes, quoiqu'ils eussent la certitude de n'y trouver qu'un sol rebelle à leurs travaux ; quoiqu'ils dussent y supporter le fardeau d'une concentration excessive pour le temps (1)

(I) L'art agricole est si peu étudié dans les différentes phases qui le caractérisent, que tout le monde est porté à croire que le présent n'est que l'image du passé ; nonobstant les fraction dans

Quelles que soient les causes de ces mutations forcées, le laboureur n'en ressent pas les effets sans un profond chagrin : que, dans la suite des âges, de nouvelles sources de richesses succèdent aux désastres, c'est l'ordinaire, la première pensée des vivants ne doit-elle pas se porter d'un trait sur l'infortune des aïeux ? S'abaissant ici devant la Providence qui amasse chaque jour des biens dont on serait privé si on n'avait pour les obtenir que les uniques forces humaines, on ne se relève qu'après avoir abordé la même station : là où se presse la foule passionnée par le désir de connaître, active au travail, et qui débat la validité du droit à côté du prix des marchandises disponibles.

En principe, l'homme tend à enjoliver la

---

lesquelles le dividende a quadruplé de puissance, on s'imagine, en ville, au sein de l'art industriel, mais loin de la vérité, que la campagne fut toujours ainsi. La chasse et la pêche manquent-elles ? La campagne s'en va ! Eh bien, avant d'être un terrain fertile, les coteaux et les collines qui avoisinent les marais de Dol n'étaient que landes et bois : pour en obtenir le rendement actuel il a fallu que les laboureurs y apportassent, par millions de mètres cubiques, la tangue des marais marnants.

matière en proportion de la valeur qu'elle représente : ainsi des pierres, des pierreries et des métaux précieux.

Pourquoi n'en est-il pas ainsi de la terre, cette nourrice du genre humain ?

Si, par exemple, les décors sont plus somptueux sur les rives anglaises et normandes que dans les marais de Dol, est-ce à dire que la fertilité de ceux-ci soit inférieure ?

Non, il n'y a que l'enjolivement de retardé, que le nécessaire même qui fasse défaut.

La raison en est bien simple : ceux qui ont possédé ce pays ne l'ont jamais habité, ils ne se sont même pas donné la peine de le visiter, et encore moins d'y conduire leurs amis. Combien eût été différent le sort des marais, si on avait pu en détacher les fiefs pour se les attacher au doigt comme on y attache les diamants !

Il n'est malheureusement que trop vrai de dire que les entreprises les plus indispensables n'y suivent qu'un cours ralenti et exclusif de tout agrément. Mais de quelle infortune nouvelle ne serait-on pas frappé si, par suite de fatales spéculations, on apprenait qu'à jamais les basses-terres de Dol, que l'on qualifiait autrefois de greniers d'abondance de la Bretagne, ne seront élevées au degré des améliorations et des embellissements qui foisonnent dans toutes les autres parties de l'Empire.

Oh non! Il n'était pas superflu d'éclairer un moment les reliefs de la mer d'un rayon lumineux dérobé à la splendeur générale : avant d'en tracer la formation, il importait d'avoir pour guide le flambeau de l'utilité et de l'agrément , deux attributs inséparables de la raison et de la justice.

Pendant une série de siècles, la forêt de Scissy avait végété à l'abri de toute catastrophe; d'Avranches à Granville, de Roz-sur-Couësnon à Châteauneuf, en suivant les détours de la côte, elle s'était développée dans les conditions précédemment décrites, et suivant un plan dont la partie la plus déclive se confondait avec les plus grandes marées dans les parages de Chausey.

Il est facile de concevoir, dès lors, que, dans le temps que la mer l'envahit, il s'opéra un bouleversement d'autant plus remarquable que partout, excepté les lits des rivières, la terre était couverte d'une couche détritique végétale des plus épaisses. Il est bon de rappeler que dans la baie du Mont-Saint-Michel la végétation sylvestre, contrariée par les cours d'eau ne s'était pas étendue en couche aussi notable qu'ailleurs; et que, dans la baie de Dol en particulier, les eaux courantes, mieux contenues dans des lits d'alluvions plastiques préexistant à la forêt, n'avaient pas nui autant à l'accumulation des matières végétales ; d'où l'on doit tirer cette conclusion, vérifiée par les faits, que le niveau des grèves du Mont-Saint-Michel, n'a jamais été aussi élevé que celui des terres avoisinant le Mont-Dol ; ce qui explique pourquoi le

Mont-Saint-Michel est resté à l'état d'îlot, tandis que le Mont-Dol est inaccessible aux plus grandes marées actuelles.

Dans une question aussi peu saisissable que celle qui a trait aux mouvements des eaux et des alluvions dont elles sont chargées, l'imagination ne doit prendre aucun ébat ; on s'exposerait, sans cette réserve, à embrouiller la réalité, au lieu de la faire sortir nettement du milieu liquide qui la contient.

Cependant, avant de débuter dans la description des phénomènes accomplis pendant l'époque aquatique, ou de formation des marais, on se sent saisi tout-à-coup par cette pensée : à quelle cause convient-il de rattacher l'impulsion de la mer lorsqu'elle s'empara de la forêt de Scissy ?

On est plus prompt, en général, à expliquer une adversité publique par l'énoncé d'un propos commun que de remonter aux origines d'où découlent les coordinations les plus parfaites. La mer dépasse-t-elle ses rivages ? on crie de toutes parts : A la tempête ! Le sol est-il ravagé par la grêle ? on crie encore : A la tempête ! Sont-ce des myriades d'insectes ou de végétations cryptogamiques qui s'emparent d'un pays et consternent les êtres vivants ? on dit : C'est la chaleur ou c'est l'humidité; ou, en d'autres termes: C'est le feu et l'eau qui en sont cause. Si c'est un fléau contre la vie des peuples ou contre les animaux qui leur servent d'auxiliaires : oh alors, on crie : A la peste ! au châtiment !

Que les témoins d'un de ces coups effroyables ne prennent pas le temps de la méditation, cela se conçoit; mais que ceux qui, dans la filière des âges, se font l'écho de ces cris paniques, sans s'attacher à la recherche des nobles causes qui les ont conduits à des situations tranquilles et prospères, ne tiennent pas compte des avantages réels du présent, là n'est pas la mesure exacte de l'ignorance, mais certes qu'il s'y trouve un fâcheux précédent et que cela se traduirait plus tard par un déni de justice.

Les rivages, en effet, ne furent jamais fixés à des limites immuables : pas plus que les nuages ne parcoururent les même lignes ; non plus que les végétaux et les animaux, qui vivent les uns des autres, ne suivirent un cycle absolu; la vie est une dépendance de la variabilité, et le maximum des espèces vivantes en est le résultat.

Que servirait d'ailleurs d'aller chercher bien loin des preuves qui ne valent pas mieux que celles que l'on trouve à sa porte ? Qu'on fouille seulement les marais de Dol ; c'est si simple! On y trouve les pièces à l'appui des assertions précédentes; après les avoir consultées, on ne répètera plus cette erreur, à savoir: que la forêt de Scissy fut renversée par une tempête.

Non, non, ce fut autre chose qu'un simple phénomène tempêtueux qui ramena à Dol la mer bornée depuis plusieurs siècles à Chausey !

Qu'est-ce donc qu'une mer grossie par les vents? sinon que le calme qui succède tôt ou tard permet aux eaux de reprendre la plus grande partie de l'équilibre interrompu. Or, le changement survenu dans les rapports de la terre avec les eaux de la Manche ne fut pas de ces courts passages où les flots acquièrent des hauteurs insolites; ce fut une mutation profonde et qui dura plus de deux siècles.

Les couches constitutives des marais, la nature de différentes matières qui les composent, ainsi que l'accumulation méthodique qu'elles ont conservée depuis cette époque, ne sont pas des voiles qu'on ne puisse soulever, ni des mystères qu'on ne puisse approfondir. Aucune tempête, eût-elle duré cinquante ans consécutifs, n'aurait eu pour conséquence de déplacer autant de bois et de terre; et encore moins de permettre aux coquillages de former des bancs aussi considérables que ceux dont il sera fait mention plus loin.

Voulût-on admettre, à priori, le cas d'une tempête, ce qui serait un signe d'obéissance à la tradition, et non un changement de rapports permanents entre la mer et la terre, que le raisonnement qui va suivre en détournerait toute intention. Etant avoué, en effet, que la destruction de la forêt de Scissy et la formation des marais ne proviennent pas de l'action de la mer poussée par la tempête, mais bien d'un changement de rivage, la première preuve à faire est celle-ci : A quelle hauteur les marées atteignirent-elles à l'époque de ce changement ? Ce point étant trouvé, celui de la ligne des basses-eaux et des mortes-eaux sera facile à déduire. La recherche de ces points est d'une importance majeure, en présence de ce fait que les mouvements de la mer suivent, dans le golfe dolois, des écarts aussi grands qu'en aucun point du monde on dit même qu'ils le sont plus.

Eh bien, on peut avancer, sans crainte d'erreur, que la mer, renversant la forêt de Scissy, étendit son domaine jusqu'aux endroits où l'on trouve, au-dessus de la tourbe forestière, une couche de marne , production terreuse qui décèle, ainsi que les sables calcaires qu'elle renferme , les gîtes où la mer a longtemps séjourné.

Faisant une application de cette donnée à l'époque aquatique ou de formation des marais, il est avéré que la mer gagna la pointe ouest de la colline de Dol; mais que la Bruyère et la Rosière, qui sont des baies plus avancées vers le terrain, ne furent pas couvertes entièrement par la mer.

La couche de marne superposée à la couche forestière se fait remarquer, au plus loin, aux Tendières en Dol et au Rocher en l'Ile-Mer (1).

Sur ces deux points extrêmes des marées, on observe que la mer ne parvint qu'en suivant des passages étroits dont il sera parlé plus loin sous le nom de Sillons.

(1) Ces deux points sont écartés de 8 kilomètres dans le sens opposé au mouvement des flots : ceux-ci couraient du nord au sud; ceux-là sont fixés sur la ligne de l'est à l'ouest.

Il importe de ne pas se laisser troubler ici par quelques observations relatives à la distance parcourue par les marées ni par les effets qu'elles produisirent successivement : c'est en tenant compte de l'antagonisme exercé par les eaux fluviales, d'un côté, et par les marées, de l'autre, qu'on arrive à expliquer comment les vives-eaux ne suivirent pas une ligne égale jusqu'au jusant ; et comment, de ce fait, les alluvions marneuses n'ont pas formé un cordon direct des Tendières au Rocher de l'Ile-Mer.

Sous l'impulsion des forces maritimes, combattues par la force dérivante des eaux douces, la surface des marais a revêtu des qualités physiques extrêmement différentes ; bien qu'au fond on trouve les traces plus ou moins apparentes de la forêt de Scissy, il est d'observation néanmoins que la plus grande quantité d'arbres fossiles et la plus épaisse couche de détritus se voient dans la bruyère et dans la rosière ; lesquelles localités ont été particulièrement dominées par l'eau douce.

Il est une autre remarque à faire sur le même sujet ; c'est que les débris forestiers vont en dégradant au fur et à mesure que les alluvions marneuses deviennent plus épaisses, ou, autrement dit, plus rapprochées de l'espace compris entre les mortes-eaux et les basses-eaux de cette époque.

Oui, les hautes marées s'avancèrent d'une part aux Tendières et d'autre part au rocher de l'Ile-Mer (1), c'est-à-dire à six kilomètres environ du rivage actuel ; de plus on se convainc aisément qu'il n'y eut d'exemptées des flots marins que les baies de Roz-Landrieux et de la Rosière. Ceci est important à connaître, car on ne se ferait pas une idée exacte du changement de niveau qu'ont subi les marais, si on n'en tenait pas compte.

Si, effectivement, les parages que la mer ne couvrit pas avaient été d'un niveau inférieur, comme ils sont actuellement, les grandes ma-

---

(I) Les marées ordinaires battaient, à cette époque, la côte de Roz-sur-Couësnon à Dol, ainsi que celle de Saint-Méloir à Saint-Guinoux.

4

rées y eussent pénétré et les eussent exhaussés par colmatage , tout aussi bien que les points de Dol et de l'Ile-Mer.

A l'aide de ces explications, la reconnaissance des lieux sur lesquels végéta la forêt de Scissy ne laisse aucun doute : il est certain que cette forêt vivait sur un plan incliné dont le point culminant commençait aux collines méridionales (1) et allait en descendant vers la mer.

Soit dit en passant, si la mer avait flotté jusqu'aux collines de Roz-Landrieux, de Plerguer et de Miniac-Morvan, le plan des marais eût été plus régulier, et la destinée du pays toute différente. Au lieu de deux pentes commençant au rivage actuel, et dont l'une descend vers la mer et l'autre vers les collines du

---

(1) Depuis l'époque aquatique, ce plan est complètement renversé : c'est-à-dire que le point culminant existe au rivage et la déclivité la plus marquée au pied des collines. Au-delà du rivage, la pente vers la mer, étant cinq fois plus grande, sur un espace donné, que dans les marais actuels, il en résulte que le niveau des baies méridionales est égal à celui des grèves observées à 1,200 mètres en dedans du rivage.

terrain, il n'en serait résulté qu'une seule : celle du côté de la mer ; ce qui aurait maintenu le plan ancien sur lequel la forêt avait végété ; seulement il eût été uniformément exhaussé par les alluvions marines.

Les hautes marées montèrent donc, pendant l'époque aquatique, jusqu'à Dol, ainsi qu'à l'Ile-Mer, où elles déposèrent des alluvions d'une origine incontestable.

On s'adresse maintenant cette autre question : Jusqu'où descendirent-elles ?

. Ce qui caractérise le bas de l'eau sur des grèves plates, abritées des grands vents, exemptes d'obstacles rocheux et d'apports trop intenses de sable ou de vase, c'est la présence de certains nautiles, univalves ou bivalves, mais notamment des huîtres.

Ce poisson, dépourvu de moyens actifs de migration, ne peut se faire déplacer qu'en opposant à la marée sa coquille supérieure ouverte sous un angle plus ou moins aigu ; du reste, tout déplacement qui excède un ou quelques mètres met en grand péril la vie de ce coquillage.

Afin de pulluler, l'huître recherche par prédilection la surface des grèves où se passent les basses-marées ; elle ne fraie pas, si la mer la laisse trop longtemps ou trop souvent à découvert ; elle ne se forme pas en bancs considérables non plus, si elle est trop engagée dans les bas-fonds : elle n'est véritablement en position prospère qu'aux endroits où passent les rides des basses-eaux équinoxiales.

Faisant application de cette loi naturelle, il est permis d'avancer que le lieu où l'on observe un banc d'huîtres a été ou est encore un point de basses-marées.

Que ce banc ait figuré ou figure encore tant soit peu au large, c'est possible ; mais jamais il ne s'en est formé d'important du côté du plein.

D'après cette donnée, il est permis d'affirmer

que la ligne des basses-marées passait, pendant
l'époque aquatique ou de formation des marais,
sur la partie du rivage actuel où fut bâti plus
tard le bourg si pittoresque du Vivier.

On y voit en effet à l'embouchure des canaux
d'écoulement, pour les eaux douces, un banc
d'huîtres fossiles (1) dont la longueur, la
largeur et la hauteur apparentes indiquent des
proportions extrêmement remarquables : il
est recouvert aujourd'hui de cinq mètres
d'alluvions provenant des dépôts de la mer, ou
rejetés par les hommes au moment du creusement des canaux ou des fondations de maisons
construites sur ces lieux.

On est bien mieux à même de remarquer à
quelques centimètres de la surface actuelle
du sol des coquillages de même nature; mais
qu'on ne s'y laisse pas tromper, ceux-ci pro-

---

(1) L'acception de ce mot n'implique pas ici une idée de pétrification : les bois fossiles de la forêt de Scissy, pas plus que les
huitres du banc du Vivier, ne sont absolument pétrifiés ; les eaux
souterraines ne contiennent pas une suffisante quantité de sédiments calcaires pour en pénétrer les corps organiques qui y sont
plongés.

viennent de l'extraction du banc principal
situé à près de cinq mètres en contre-bas :
extraits lors du creusement des canaux, ils
furent jetés comme déblai sur les rives et
mis en dépôt sur les quartiers voisins, d'où on
les enlève aujourd'hui pour les transporter,
comme amendements, sur les terres labou-
rables des grands coteaux du terrain.

Le banc d'huîtres observé dans le sous-sol
du Vivier a-t-il vécu là; ou bien a-t-il été
apporté du large par la mer, après avoir vécu
ailleurs?

C'est en vain que, pour prouver qu'il a
vécu ailleurs, on étayerait cette opinion sur
les exemples multipliés de dispersion de
coquillages, dont on trouve çà et là des
spécimens. Ce qui distingue le banc d'huîtres
du Vivier et prouve qu'il a vécu sur le lieu

indiqué, c'est que, malgré toutes les filtrations qui l'ont pénétré depuis plusieurs siècles, presque toutes les coquilles sont entières, et qu'un grand nombre ont conservé la juxtaposition des deux valves.

A la vérité, ces coquilles ne sont pas en position normale, elles sont plus ou moins renversées, comme si les poissons qu'elles renfermaient avaient cherché à se soustraire à l'envasement qui les engloutit. Il est de remarque d'ailleurs que l'huître et d'autres bivalves perdent, quand ils sont dans la gêne, la force de contraction qui leur est nécessaire pour tenir juxtaposées les deux valves ; ce qui donne prise aux vagues qui les roulent dans ce cas. A la mort de ces poissons, la valve plate, ou supérieure, passe dessous, et se trouve bientôt arrêtée par les franges dans le sable ou la vase ; tandis que la valve convexe ou inférieure passe dessus, et ne tarde pas à être détachée, puis roulée, à raison même de sa forme, du côté du plein. Ainsi s'explique la cause d'une plus grande quantité de valves convexes que l'on trouve ordinairement dans les falunières.

Le contact des deux valves des huîtres que l'on trouve dans le banc fossile du Vivier prouve sans réplique que les poissons qu'elles renfermaient ont vécu en cet endroit même.

Comme la fixation du point où se passèrent les basses-marées pendant l'époque aquatique a une portée sérieuse en ce qu'elle sert à corroborer l'indication des vives et des mortes-eaux ; comme le banc d'huîtres est un point précis à cet égard : il importe de ne pas négliger les preuves dont le concours touche à la connaissance des grèves de cette époque.

Si les masses de coquilles entassées en banc dans le sous-sol du Vivier étaient venues du large, apportées par la mer, elles n'auraient plus les franges acérées ; le frottement les aurait polies ou usées.

Si ces coquilles avaient été charriées par les vagues, on ne trouverait pas imbriquées les jeunes et les vieilles sur le même banc ; car les petites et les grandes, différant de poids et de densité, n'auraient pas eu la même résistance au déplacement, et elles n'auraient pas présenté un assemblage tel qu'on l'observe.

Avec le banc d'huîtres du Vivier, on a le repère certain des basses-marées pendant l'époque aquatique : Dol et Lillemer, étant les points extrêmes où atteignaient les vives-eaux, la ligne des mortes-eaux va se trouver tracée de suite.

Il est à remarquer que la distance parcourue entre les plus hautes et les plus basses-marées était, en suivant la ligne au nord de Dol, ce qu'elle est aujourd'hui en suivant la ligne au nord du Vivier ; en d'autres termes, la mer ayant son rivage à Dol parcourait six kilomètres pour descendre au banc d'huîtres du Vivier, absolument comme elle parcourt la même distance pour descendre aujourd'hui du Vivier au bas de l'eau, où existaient naguère des bancs d'huîtres prodigieux dont les sujets vivants ont à peu près disparu. (Les pêcheurs en sont d'autant plus affligés que leur industrie a périclité comme la vie de ces poissons).

Pendant la révolution aquatique qui causa la destruction de la forêt de Scissy, il y eut tant de matériaux déplacés et qui sont entrés dans la composition du sol actuel, qu'à l'agencement qu'ils ont pris remonte l'histoire géologique des marais. Tout aride que soit un pareil sujet d'étude, on ne le supprimerait pas sans inconvénient ; car, encore bien qu'il dépende rationnellement de cet écrit, il est à espérer qu'on en retire des applications raisonnées. Loin de se conformer aux règles ordinaires, qui suffisent en plusieurs autres lieux, les propriétaires et les habitants des marais apprécieront sans doute qu'il est de leur intérêt de diriger leurs délibérations d'après l'état exceptionnel que l'époque aquatique a fait naître dans le sol où ils ont placé les uns leurs écus, les autres leurs demeures.

***

Qu'on se représente une forêt aussi ancienne que fertile, occupant plusieurs milliers d'hectares d'une superficie presque plane, envahie du côté du nord par la mer : qu'on veuille bien remarquer ensuite que les flots, comprimés par les coteaux de l'est et de l'ouest, s'engouffrèrent jusqu'aux collines du sud, et on se fera déjà une idée des résultats qu'une telle révolution dut produire dans l'intérieur de ce golfe.

La mer, passant pour la première fois sur cette forêt, commença l'opération du déblaiement par ordre ; c'est-à-dire qu'elle agit sur les matières à chasser au plein, d'après le poids spécifique et d'après l'état jacent de chacune d'elles.

Dans la première catégorie, elle rangea la couche détritique qui n'était composée que de matériaux flottables et tassés à la surface.

Dans la seconde, elle s'en prit aux arbres vivants qu'elle dégarnit des racines, et qu'elle culbuta par la force renouvelée de ses flots.

Dans la troisième, elle attaqua les matériaux terreux composant le sous-sol de la forêt.

Ainsi, la disposition des matières fut ren--

versée; la tourbe passa dessous : la terre de dessous passa dessus.

On comprend sans peine que le bouleversement d'une immense quantité de matières flottables eut pour effet d'obstruer les lits des rivières et des ruisseaux par lesquels l'eau douce traversait la forêt pour se rendre à la mer : on conclut de là qu'une couche inextricable de toutes ces substances légères dut être amassée particulièrement depuis la ligne des mortes-eaux, où l'opération du flottage n'était jamais interrompue, jusqu'à la ligne des plus hautes-marées, où le soulèvement par les flots était le plus marqué.

Pendant la phase du déplacement des débris de la forêt, l'aspect des grèves nouvelles fut tristement diversifié : à en juger par le simple curage des fossés et des canaux, il y eut d'assemblés par endroits des tas de débris composés de feuilles, de branchages, de racines d'arbres des plus petites comme des plus grandes dimensions. A côté des amas de végétaux se formaient des excavations que l'eau de la mer remplissait , et où l'eau douce privée de cours réguliers se rendait également.

A chaque grande marée, le tableau changeait : certains tas disparaissaient ou diminuaient de volume; certaines excavations étaient remplies et d'autres étaient formées. Ce qui fut cause de tant de désordre, ce furent les différents degrés de marées agissant sur des matières hétérogènes (1).

Une fois que les matières détritiques furent déblayées, la mer se chargea de celles de la troisième catégorie, autrement dit, de la substance terreuse sur laquelle la forêt avait végété. Cette matière, possédant une densité plus grande que l'eau, ne pouvait être déplacée qu'après avoir été préalablement délayée par les flots ; pour se creuser un lit aux

____

(1) Dans la recherche concernant la formation des rivages, on doit prendre en grande considération les diverses hauteurs du flux marin ; on ne s'expliquerait pas sans cela l'irrégularité des lais de mer, ni l'enclavement des eaux douces. Cette étude peut manquer d'attrait pour des esprits généralisateurs, mais elle est palpitante d'intérêt et d'application aux marais de Dol dont la formation repose entièrement sur ce jeu de la mer.

dépens du sous-sol forestier, la mer mit certes beaucoup de temps.

Que signifient d'ailleurs quelques siècles de plus ou de moins à des agents matériels auxquels la Providence a ordonné de se ranger ici ou là? Ce qui importe à l'homme, c'est d'en connaître l'agencement, afin d'en tirer le parti proposé par les desseins de la création. Il n'est donc pas sans utilité de savoir que, à dater de la phase aquatique où la marne composant le sous-sol forestier entra en suspension dans les flots, les marais acquirent des qualités d'autant plus végétatives que la matière en circulation fut déposée en couches plus épaisses et plus compactes.

En vertu des mouvements de marée, dont la tendance est de lutter contre toute matière encombrante, il advint que la couche argilo-calcaire du sous-sol de Scissy fut refoulée *crescendo* depuis l'ancien rivage jusqu'à la barre nouvelle des marées, et que la tourbe forestière, ayant été répandue en couche plus épaisse depuis la ligne des mortes-eaux jusqu'à celle des plus grandes marées, ne fut recouverte que d'un glacis d'alluvions marneuses d'autant moins épais que la mer ne fréquentait que plus rarement cette partie des grèves (1).

Le bourban (2), ou couche forestière, surmonté d'une couche de marne, modifia le niveau des grèves : d'une part, en effet, un exhaussement s'était produit; d'autre part, un creusement.

Les marées réduites à un moindre parcours accrurent les dépôts d'alluvions marneuses

----

(1) En examinant les alluvions marneuses, on y distingue des feuillets dont chacun semble être le produit d'une marée : on en compte par centaines.

(2) Les habitants des marais appellent *bourban* la tourbe quelle qu'elle soit; il y a cependant lieu de distinguer entre la couche forestière recouverte de marne et la couche de détritus des végétaux aquatiques qui existe à la surface des bassins dont il sera parlé plus loin : la première est composée de bois, la seconde n'est qu'herbacée.

avec une accélération rapide : et cela proportionnellement à l'abondance de la matière terreuse qui encombrait toujours le large.

Du moment que les marées éprouvèrent un commencement de réduction, l'époque aquatique fut soumise à des complications compromettantes pour la régularité des marais.

Combien ne s'abuserait-on pas si on se laissait aller à cette pensée, cependant physiquement bien entraînante, que la puissance du nivellement par les eaux dut imprimer une uniformité d'organisation en profondeur comme en superficie dans tous les marais !

Les ruisseaux et les rivières, ayant été oblitérés par les matières flottables, changèrent d'errements : manquant de régularité, il s'établit entre leurs eaux et celles de la mer différents conflits en présence desquels tout plan régulier devint impossible.

Quand la mer est en opposition avec les cours d'eau, l'avantage ne reste pas à ces derniers : dans le golfe dolois entr'autres, l'eau des rivières reflua dans les vallées du terrain et y creusa des bassins d'où l'écoulement ne s'effectuait que pendant le reflux de la mer (1).

A cette complication en succéda une autre dont les effets sont non moins remarquables, et dont on devrait se rendre un compte exact en matière d'exploitation, la voici : la mer, continuant de creuser du côté du large le sous-sol de Scissy, charriait du côté du plein les alluvions puisées dans la première partie ; comme elle n'abordait au rivage qu'en temps de grandes marées, elle n'y entassait pas autant d'alluvions que sur la ligne des mortes-eaux où elle marnait chaque jour. A force de déposer de la vase sur la ligne centrale des grèves, la mer y forma un barrage que les eaux douces ne franchirent plus.

On ne se fait pas une idée suffisamment claire de la cause et de l'effet de ce barrage, autrement on ne s'arrêterait pas à déplorer le sort des marais submergés par l'eau douce.

(1) Le verbe *refluer* comporte ici deux acceptions opposées : appliqué au cours d'une rivière, il signifie que l'eau remonte vers la source ; appliqué aux mouvements de la mer, il signifie que l'eau descend du degré où elle était élevée.

Quoi de plus différents que l'aspect et la nature du sol compris entre le barrage et la mer, quand on en compare les qualités à celles du sol qui se trouve entre le barrage et les collines du terrain ! Personne ne peut s'y laisser tromper.

Tout l'intérêt consiste à bien connaître cette situation, afin d'en tourner les difficultés, qui ne sont pas invincibles comme on l'a dit.

⸺◦⸺

Pendant l'époque aquatique, la mer déposa tant d'alluvions sur la ligne des mortes-eaux qu'elle se forma à elle-même une barre qu'elle ne franchit plus, même à l'époque des grandes marées : en même temps cette barre intercepta tout écoulement à la mer des eaux douces dérivant du terrain.

Il est bon de remarquer que ce barrage ne décrivit pas une ligne parfaitement symétrique ni une épaisseur également uniforme :

dépendant de courants marins causés par la
variation des vents, par le voisinage des
coteaux de l'est et de l'ouest, par les différents degrés de marées, et par l'opposition
plus ou moins forte des eaux douces accu-
mulées, il s'allongea en dentelures, ici plus
aiguës, là plus arrondies; il forma même
deux sillons (1), dont l'un a sa base à Chanteloup en Mont-Dol et son sommet aux
Tendières en Dol, dont l'autre a sa base à
Roblin en Lafresnaye, et son sommet au
Rocher en l'Ile-Mer.

Le sillon de Dol occupe, à l'endroit nommé
la Bégaudière (à la moitié de la longueur),
une étendue transversale de 1,200 mètres; il
décline par le côté est sur le Pont-Labat, et
par le côté ouest sur la Bruyère.

Le sillon de l'Ile-Mer occupe à l'endroit
où est bâti le village, appelé lui-même le
Sillon (à moitié de la longueur), une étendue

____

(1) Ces deux sillons sont très-utiles à noter, car, distants de
8 kilomètres, ils enclavent à l'est et à l'ouest le bassin de la
Bruyère.

transversale de 2,000 mètres ; il décline par le côté est sur la Bruyère et par le côté ouest sur la Rosière.

De cette disposition créée par les dépôts d'alluvions marneuses, il résulte que le fond du golfe de Dol présente le dessin suivant :

1° Un grand barrage transversal, ayant l'extrémité est appuyée aux coteaux de Baguer-Pican, et l'extrémité ouest appuyée aux coteaux de Saint-Guinoux. (1)

2° Le sillon de Dol, perpendiculaire au point de Chanteloup.

3° Le sillon de l'Ile-Mer, perpendiculaire au point de Roblin.

Quand les alluvions marneuses eurent constitué le grand barrage transversal et les deux sillons perpendiculaires, les eaux douces descendant du terrain s'assemblèrent dans les trois bassins de Pont-Labat, de la Bruyère et de la Rosière, et y demeurèrent stagnantes.

---

(1) Il y a 18 kilomètres d'un coteau à l'autre, en suivant la ligne du barrage, prise à la base des sillons de Dol et de l'Ile-Mer et aux dentelures dont il a été parlé.

De ce moment, l'histoire de l'époque aquatique, ou de formation des marais, se divise
en deux sections, savoir : l'une concernant les
eaux douces; l'autre concernant les eaux salées;
ces eaux étant dès lors séparées par le barrage
transversal.

Les eaux des rivières et des ruisseaux,
étant barrées, depuis Baguer-Pican jusqu'à
Saint-Guinoux, au pied des collines de Dol, de
Roz-Landrieux, et dans toute l'étendue de la
Rosière, donnèrent naissance aux marécages
que l'on appelle *Natais*, dans la vallée du
Guyoul, et *Aulnayes*, dans la vallée du Meneuc :
à droite et à gauche des vallées principales les
ruisseaux constituèrent également des marécages dans les vallées accessoires du terrain.
Encore de plus les eaux enclavées dans la
Rosière contribuèrent à l'approfondissement
des fondrières tourbeuses de Châteauneuf et
de la mare Saint-Coulman.

Les bassins d'eau douce conservèrent pendant une série de siècles cette perfide action, de tenir submergés constamment plusieurs milliers d'hectares. Quand les affluents d'eau douce élevaient la submersion d'une manière excessive relativement au peu de profondeur des bassins, l'eau gagnait certaines dépressions du barrage transversal et s'étendait sur les régions les plus basses des alluvions marneuses.

Toutefois, composé d'une couche de marne ancienne (celle du sous-sol de la forêt de Scissy) et d'une couche de marne récente (superposée en glacis par la mer aux gisements de la forêt), fertilisé par les sédiments d'eau douce dérivant du terrain, le sol des bassins se prêta merveilleusement à la végétation lacustrale. Les débris végétaux herbacés qui abondèrent dans ces sortes de marais donnèrent naissance à une couche détritique de 50 centimètres d'épaisseur au moins.

On serait porté à déduire de ce qui précède que, moyennant le glacis de marne superposé à la couche forestière, et que, moyennant la couche tourbeuse provenant des végétaux aquatiles, le niveau des bassins dût se trouver exhaussé de manière à modérer le volume d'eau stagnante.

Il n'en fut rien, cependant, car la mer, continuant d'entasser alluvions sur alluvions, ne perdit pas un seul degré du niveau relatif de ses grèves avec celui des bassins lacustres: en d'autres termes, les couches végétales mêlées des sédiments des cours d'eau ne prirent pas un accroissement suffisant pour équilibrer les dépôts de la mer.

Voilà pourquoi et comment les bassins d'eau douce ont été frappés d'une infériorité de niveau mesuré sur les régions des marais plus longtemps fréquentés par la mer.

Reprenant, les marées mirent une si grande quantité de matières en circulation, elles en déposèrent tant et si bien, qu'elles finirent par former un barrage contre elles-mêmes ; à ce moment, la séparation des eaux douces d'avec les salées devint radicale. Puis, de lais en relais, des changements nouveaux s'opérèrent sur les grèves ; rejetant successivement au plein les matériaux qui encombraient le large, la mer gagna en profondeur ce que la grève sur laquelle elle marnait gagna en hauteur. Avec le déblai d'un côté, et le remblai de l'autre, les écarts de niveau suivent une progression croissante.

Que si l'on voulait savoir où la mer puisa toute la matière dont elle recouvrit les marais, on se contente de pressentir qu'elle n'apparut pas instantanément ; plus loin, on en fera la recherche. Toutefois on doit dire dès à présent que toute cette matière est argileuse, et que, comme toute argile qui entre dans les parties du golfe occupées par la mer, elle s'est associé les principes calcaires des coquillages et des poissons pris à tous les âges et aux espèces les plus répandues.

La multiplication des coquillages fut, pendant la formation des marais, non un simple épisode, mais une véritable époque. Lorsque la mer eut dispersé et recouvert de marne les débris de la forêt, alors qu'elle eut tari la matière la plus hygrométrique du sous-sol ancien, notamment vers la ligne des basses-marées, elle se trouva sur un lit usé par la surface, élastique comme les alluvions comprimées pendant longtemps, par conséquent parfaitement disposée à nourrir les coquillages dont les générations pour être infinies ne peuvent se passer d'un tel état de lieux.

Existe-t-il au monde un assolement piscicole mieux entendu que celui des grèves du golfe dolois au moment où la forêt fut déracinée et la terre la plus vaseuse jetée au plein.

On connaît déjà le prodigieux banc d'huîtres du Vivier; si l'on veut maintenant connaître l'immense quantité de coquillages qui vécurent à la même époque, il suffit d'examiner les alluvions dont les marais sont formés. N'est-ce pas à la présence des débris coquilliers que remontent les dénominations de *terres-fortes* employées par les cultivateurs pour désigner le sol dans lequel est entrée une proportion plus grande de marne que de coquilles, et de *terres-légères* quand c'est le sable coquillier qui domine (1) ?

Rien ne marque mieux le début de l'époque coquillière que le banc d'huîtres sous-jacent à la commune du Vivier ; rien ne marque mieux les différentes phases de cette époque que le rivage actuel, qui est le point le plus élevé des marais, lequel n'est formé de la base au sommet que de sable coquillier presque pur.

(I) Les villages et les terres reçurent primitivement les noms patronymiques de ceux qui les fondèrent ou en devinrent les premiers exploitants : en font foi, les noms de *village es-Guéréls; es-Turmel; es-Nourrys; es-Gasniers,* etc. etc., de même que les noms de *Pré-Henry; Pré-Jourdan; Clos-Botrel,* etc. etc.

Plus tard, l'homme mit de côté son nom propre pour prendre celui d'un village ou d'une terre ; pour retirer quelque utilité de cet usage, il eût fallu que, au lieu de noms trop souvent insignifiants, on choisît entre ceux que le peuple a le mieux appliqués : Le *Fédeuil,* les *Alleux,* les *Normands,* par exemple, auraient rappelé des institutions et des origines exactes. *Coquillet, Taupe-Blanche* (couleur de la taupinière ; qualification opposée à la couleur noire des taupinières qui existent effectivement dans d'autres parages); les *Joncs,* la *Ville-ès-Fleurs,* etc.,etc., auraient fait connaître soit la nature du sol, soit les produits spontanés.

Résumant l'époque aquatique, autrement dit, de la formation des marais, on est conduit à accuser deux sortes d'agents ou facteurs : 1° les eaux salées, actives et fertilisantes qui détruisirent la forêt de Scissy, et en couvrirent les débris d'une couche générale de marne ; 2° les eaux douces passives, et en quelque sorte stérilisantes, qu'un barrage transversal, créé par les alluvions marines, réduisit à l'état de stagnation ; en plus deux barrages verticaux au précédent ; l'un appelé le Sillon de Dol, l'autre le Sillon de l'Ile-Mer, qui retinrent les eaux douces dans les trois bassins appelés le Pont-Labat, la Bruyère et la Rosière.

La production coquillière, qui a clos l'époque aquatique, eut son apogée à la date des nouveaux rapports qui s'établirent en même temps que la réduction des marées sur les relais que la mer avait déposés entre la ligne des mortes et des basses-eaux.

Il va de soi que les mouvements de la mer suivirent diverses oscillations dans les circonstances où les marées furent favorisées par les vents ; quelques échappées signalèrent certainement des invasions momentanées et locales, sans causer pour cela un retour constant de ravages comparables aux premiers temps de l'époque aquatique.

Aux extrémités du nouveau rivage, c'est-à-dire de Sainte-Anne à Saint-Broladre, comme de Saint-Benoît à Saint-Méloir, la mer conserva longtemps son empire : elle forma dans l'un et l'autre lieu des anses considérables où elle pénétra à l'époque des marées.

Pour faire ressortir les effets principaux de l'époque aquatique, il fallait analyser la conduite des eaux salées dans leurs périodes ascendantes et descendantes : il fallait tenir compte des causes qui compliquèrent l'écoulement des eaux douces.

Les remblais puisés dans les matériaux de la forêt de Scissy, ceux que fournit le sol sur lequel elle avait végété, et enfin les productions coquillières, devaient occuper une grande place dans le tableau des alluvions.

En faisant primer ces connaissances, tout arides qu'elles soient, sur celles que l'on se propose de mettre au jour, on doit mieux saisir la portée et la liaison des unes et des autres : on espère ainsi s'être avancé au-delà de toute interprétation équivoque.

ÉPOQUE AGRICOLE

Après avoir raconté l'histoire de la formation des marais de Dol par les eaux de la mer, et par celles qui affluent du terrain; avant de commencer l'histoire de la gestion de ce pays par les hommes, la pensée se porte d'elle-même sur certains détails intermédiaires qu'on ne déroberait pas sans nuire à l'intelligence d'une époque succédant à une autre.

A chaque transition se rattache une phase intercalaire indépendante du passé, et seulement médiate de l'avenir : quelle qu'ait été la durée de chaque période, si on ne la mesure pas par des siècles, elle compte au moins de nombreuses années qu'il importe de ne pas dissimuler en ce moment.

D'ailleurs, quel temps choisirait-on pour mieux examiner la superficie des marais que celui où, dégagée des eaux de la mer et dénudée de végétations, de constructions et de travaux d'art, cette immense savane n'oppose aucun obstacle à la vue ?

Et puis, comme la submersion par l'eau douce continuera d'être désormais la principale pierre d'achoppement, quel instant plus propice pour noter le nivellement général des trois bassins où elle est en permanence ?

En ce temps-là, les lignes de démarcation entre les différents marais étant parfaitement tranchées, il eût été opportun de les tracer ; ne l'ayant pas fait, alors qu'elles étaient apparentes de toutes parts, ou, du moins, n'en connaissant que des plans tout nouveaux, et rédigés *grosso-modo*, autant pour le terrain avoisinant les marais que pour les marais eux-mêmes, il est au moins temps de les relever telles que l'histoire géologique les révèle.

1° Au pied des coteaux escarpés de Saint-Georges et de Roz-sur-Couësnon (1), les flots n'atteignent qu'en partie des alluvions marines disposées en accotement. Ces attérissements se profilent dans le nord-est, et se confondent avec les grèves sablonneuses que le Couësnon entame chaque jour d'un côté ou de l'autre, lui, ou les marées contre lesquelles il lutte périodiquement. Les eaux pluviales dérivant des coteaux traversent ces lais de mer pour se jeter çà ou là dans le Couësnon.

La superficie des alluvions les moins accessibles aux grandes marées se réduit au plan ci-après :

6 kilomètres de longueur dans le sens des coteaux.

1,500 mètres de largeur vers le Couësnon.

   Totalité de la surface . . . 900 h.

2° Entre les coteaux; à pic, commençant à la pointe nord de Roz-sur-Couësnon et finissant aux mamelons rocheux de Baguer-Pican (2), d'une part; et la pointe de la haute rue de Sainte-Anne en Cherrueix, d'autre part, les grandes marées continuent d'affluer. Les eaux pluviales et fluviales dérivant du terrain suivent la pente réglée par le retrait de la mer.

A reporter............. 900 h.

(1) Qu'on n'oublie pas que cette description des marais est prise sur l'état naturel des lieux ; c'est-à-dire avant le repeuplement, et par voie de conséquence, avant les travaux exécutés durant l'époque agricole.

(2) C'est-à-dire toute la côte de Saint-Marcan et de Saint-Broladre.

6

Report . . . . 900 h.

L'étendue comprise entre ces limites se mesure à peu près comme suit :

6 kilomètres dans le sens des coteaux.

2,500 mètres dans la direction de la mer.

Au Total . . . . 1,500 h

3° De la Haute-Roche, en Baguer-Pican, jusqu'au sillon de Dol, une zone, contiguë au pied des collines, est couverte par des eaux stagnantes : la partie centrale du Pont-Labat, sous Dol, est le point de déclivité de ces eaux.

L'étendue superficielle de ce marais se délimite comme suit :

6 kilomètres en suivant la ligne des coteaux

1,000 mètres en moyenne dans le marais (1)

Total. . . . . 600 h

Du sillon de Dol à celui de l'Ile-Mer, le marais forme un véritable lac, alimenté par les eaux du Guyoul (2) qui fluent entre Dol et la colline de l'Abbaye; de plus, par les ruisseaux de Cardequin, de la Basse-Haie et

A reporter . . . . 3,000 h.

---

(1) De la Roche à Kercou, la zône submergée ne mesure que 500 mètres dans le sens de la largeur; mais de Kercou au sillon de Dol le bassin d'eau douce a bien 1,500 mètres de largeur, ce qui donne une moyenne de 1,000 mètres.

(2) Avant la dérivation du Guyoul, toutes les eaux de la vallée de Carfantin se rendaient par la pente naturelle dans la Bruyère.

Report............... 3,000 h.

autres dérivant des collines nord de Roz-Landrieux.

Ce lac est nommé la Bruyère (1). Le barrage marin transversal suit, depuis la Bégaudière à Roblin, une ligne sinueuse qui correspond par ses angles aux baies dessinées par les collines de la Crochardière, de Pleinfossé et du grand Mongu.

L'étendue superficielle de ce lac se mesure par :

8 kilomètres en longeant les collines, et

4 kilomètres dans le sens transversal.

En tout. . . . . 3,200 h.

5° A partir du sillon de l'Ile-Mer, les coteaux de St-Guinoux, de St-Père, de Châteauneuf, de Miniac-Morvan, de Plerguer, et les collines sud-ouest de Roz-Landrieux, circonscrivent un véritable bassin qu'on appelle la Grande-Rosière, alimenté par les biefs Jean

A reporter............... 6,200 h.

____

(I) Le nom donné à ce marais est le plus impropre qu'on puisse imaginer, attendu qu'aucune plante de la famille des éricacées n'y a jamais vécu.

On a voulu sans doute représenter par cette dénomination une plaine infertile, sans prévoir que si on en soustrayait l'eau on mettrait à découvert un sol favorable à la culture maraîchère, appelée à jouer un rôle principal dans l'alimentation des populations condensées.

Report............ 6,200 h.

et Meneuc, ainsi que par les ruisseaux qui descendent du terrain; ce bassin n'assèche jamais. C'est là que furent formées et entretenues les fondrières de Saint-Coulman. Les eaux douces sont barrées dans ce bassin par les alluvions marines qui s'étendent du sillon de l'Ile-Mer au pied des coteaux de Saint-Guinoux.

La contenance de la Rosière, y comprises les vallées des biefs Jean et Meneuc, se mesure par :

5 kilomètres environ de l'est à l'ouest, et

4 kilomètres environ du nord au sud.

Total . . . . 2,000 h.

6° Sous les coteaux de Saint-Méloir, la mer continue d'affluer jusqu'à Saint-Benoist ; les grandes marées s'étendent sur :

3 kilomètres longitudinalement, èt

2 kilomètres transversalement ; ce qui porte la contenance à . . . . . . 600 h.

8° Au centre des marais règne un territoire irrégulièrement oblong ; les marées n'y atteignent plus ; quelques flaques d'eau se dessinent pendant l'hiver sur certains parages, mais il est facile de les égoutter du côté des

A reporter............ 8,800 h.

Report. . . . . 8,800 h.

anses de marées ; et plus facile encore du côté des bassins d'eau douce vers lesquels la pente est bien prononcée.

Ce vaste relief laissé par la mer se mesure par :

16 kilomètres de l'est à l'ouest, et
4 kilomètres du sud au nord.

Au total. . . . . 6,400 h.

9° Enfin, se voit au bord de la mer un banc de sable coquillier mêlé et entrecoupé d'alluvions marneuses; il représente une zône interrompue seulement par quelques anses de marées. Il commence à Sainte-Anne et finit à Pont-Benoît :

14 kilomètres de longueur ;
800 mètres de largeur.

Total. . . . . 1,120 h.

Total général de la superficie des marais. 16,320 h.

Tel était le tableau que présentaient les Marais de Dol dans le temps que les premiers hommes allèrent y habiter ; reste à voir maintenant quel parti on en a tiré.

REPEUPLEMENT

De toutes les attractions qui saisissent l'homme, le bien-être et la liberté sont les plus tenaces ; elles l'incitent sans cesse à comparer le milieu dans lequel il est avec celui auquel il aspire.

Or, comme depuis la destruction de la forêt de Scissy les coteaux du terrain étaient surchargés d'habitants, la vie y était difficile : comme, d'autre part, les personnes titrées y avaient créé de nombreux établissements, et que le régime sous lequel elles maintenaient les populations se ressentait d'un embarras général, la liberté était compromise : il était bien naturel, pour les personnes non classées, de tendre à se soustraire à cette existence rien moins qu'enviable.

Est-ce que, d'ailleurs, la Providence n'étalait pas sous les yeux des déshérités de la fortune de vastes lais et relais de mer aux apparences les plus fertiles ?

En fallait-il davantage pour les solliciter à l'exode ?

Eux, paysans endurcis par les privations, ne redoutent pas les maladies paludéennes. Leurs maîtres, satisfaits de la vie des coteaux, ne risqueront pas leur santé aux émanations délétères, ni leur tranquillité au retour imprévu des marées : ne jouissent-ils déjà de la sécurité garantie par les habitations crénélées ; ne sont-ils

pas bercés aux sons harmonieux des cascades dans des
tourelles d'où rayonnent les sites les plus ravissants ?
Insensés s'ils les abandonnaient !

De la part des paysans l'espoir du bien-être était
fondé sur les lais de mer : l'espoir de la liberté était
fondé sur l'éloignement des centres du despotisme.
La comparaison de la vie présente avec la vie future
donnait trop d'avantages à la dernière pour qu'ils n'en
suivîssent pas l'attraction.

On entend parfois murmurer que les paysans ne
possèdent pas les facultés de supputer les affaires de
leur époque : Erreur. Qu'ils manquent de la liberté
d'exprimer hautement des opinions opposées aux sup-
putations de leurs maîtres ; pas de doute.

Toujours est-il qu'aussitôt que la Providence leur
eut ménagé un territoire exploitable, les paysans cal-
culèrent moins le danger de s'y rendre que l'espoir
d'être affranchis du contact immédiat d'une autorité
trop forte pour n'être pas écrasante.

Longtemps avant que les marais fussent le moin-
drement assainis on vit défiler par le sillon de Dol
plusieurs familles s'aventurant sur les lais de mer, sur
ces alluvions qu'effleuraient encore les marées.

La tradition s'est amusée à représenter, comme des
victimes des fièvres les plus rebelles, les premiers immigrants des marais ; et leurs enfants au teint jaune, à la

corpulence molle, comme des hydropiques, des dyssentériques mourant *dru comme mouches*.

La tradition n'est fallacieuse qu'à cause de ses excès: « Croyez-en la moitié, dit le proverbe, vous en croirez « encore assez. » Toujours est-il qu'on doit en croire quelque chose. Quoi qu'il en fût, ni les menaces ni les quolibets ne purent rien contre la volonté des familles émigrantes (1).

Le rocher de Mont-Dol, stable et insubmersible entre le bassin de Pont-Labat et le centre des marais, semblait ne figurer en un tel lieu que pour convier à s'en approcher les laboureurs inflexibles et résolus : comme refuge, il devint dès les premiers temps du repeuplement, l'objectf de tous les émigrés.

La transmigration du terrain aux marais fut suivie de résultats heureux pour le peuple du pays tout entier ! et, en effet, de la dispersion des sujets la force des maîtres s'atténuait ; comme de l'agrandissement du cercle agricole le peuple du terrain, moins entassé, recueillait les faveurs correspondantes à la rareté des manœuvres.

Que le passage du terrain au marais ne fût pas précisément un exode, ni une transmigration, ni même

______

(1) Le mot famille, employé ici pour qualifier les premiers immigrants des marais, implique un anachronisme de complaisance envers les générations modernes ; mais qu'elles ne croient pas appartenir par leurs aïeux à l'une des classes auxquelles ce mot était réservé.

une émigration ; parce qu'il ne s'effectuait que sur quelques lieues de distance et ne comprenait que quelques milliers d'hommes, il ne caractérise pas moins, vu les mœurs du temps, l'effet d'une grande résolution, à défaut d'un long voyage.

Les croisades, qui datent de la même époque, étaient moins lointaines pour des Français qui, sous la conduite des souverains et des princes, allaient combattre les barbares, que, pour un menu peuple, l'abord d'un territoire menacé par la mer et infecté par la stagnation des eaux douces.

Quelque faible que fût la distance du terrain aux marais, il s'éleva entre les habitants de l'une et de l'autre contrée des usages opposés, ou plutôt des barrières infranchissables.

Bien que de même origine, et proches voisins, les garçons de la basse-terre n'épousaient pas les jeunes filles du haut-pays, ni *vice versa* : jamais les jeunes gens d'ici ne rencontraient ceux de là sans se quereller ou sans se battre.

Certes que la différence des habitudes était pour le moins aussi grande, et l'hostilité, plus acerbe dans ce temps-là, entre les populations du marais et du terrain, qu'elles ne le sont aujourd'hui entre l'Europe et l'Amérique, entre l'Asie et l'Afrique.

Quand on pense qu'il ne faudrait pas remonter au-delà d'un demi-siècle sans avoir à relater des actes étranges d'inhospitalité, d'intolérance en matière de mode et de patois, tous aussi incompréhensibles les uns que les autres ; et que si ces passions n'étaient pas encouragées elles étaient au moins le plus souvent impunies !

A l'oubli l'âpreté de ces mœurs !

A présent l'espoir d'une vie plus douce !

Le repeuplement des marais fut secondé par d'abondantes récoltes : où la terre n'était pas ensemencée de grains, elle se couvrait d'une végétation spontanée des plus confortables dans l'élevage des bestiaux.

Où trouverait-on, d'ailleurs, un territoire agricole mieux constitué que l'ancienne baie doloise ? à la surface, une couche d'argile additionnée d'une plus ou moins grande proportion de débris de coquillage; au centre, une matière spongieuse parsemée d'arbres fossiles qui forment un clayonnage sous-terrain, ou espèce de charpente qui s'oppose à la dispersion des parties supérieures, et facilitent l'absorption de l'humidité, en excès. Les jardins suspendus, de gothique histoire, et les systèmes de drainage, comme l'art sait en inventer, n'approcheront jamais de la perfection économique et perpétuelle (1) que la Providence a déployée dans les marais de Dol.

Au fond, une couche compacte de marne ancienne, assez hygrométrique pour contenir la fraîcheur nécessaire aux végétaux herbacés, et assez perméable pour permettre aux arbres d'y enfoncer sans gêne leurs racines.

La nouvelle des succès agricoles obtenus par les premiers cultivateurs se répandit au loin, en même temps que l'abondance et la qualité des froments qu'ils livrèrent à la consommation publique. La renommée de ces produits, passant de bouche en bouche, eut bientôt déterminé une nouvelle série d'émigrants à descendre dans le bas-pays.

Pratiquant la même voie et le même sentiment de conservation, les nouvelles familles s'échelonnèrent en prolongeant les villages sur les mêmes lignes, et en y ouvrant des chemins qui tous convergent au tertre de Mont-Dol.

Groupées d'abord autour de ce rocher, les maisons furent reliées par un chemin de ceinture duquel on fit partir dix chemins dont on allongea et bifurqua les extrémités, en proportion du progrès que prit le repeuplement.

---

(1) Perpétuel ! Cette qualification magique, adoptée par l'homme pour rappeler de longues générations, n'est pas applicable aux œuvres de la création, car celles-ci sont infinies.

Rien qu'à voir l'arrangement des villages et les tracés des chemins on se convainc que le Mont-Dol ut le centre où aboutirent et les hommes et leurs projets.

❦

LE BOCAGE DES MARAIS

Le Mont-Dol, étant un asile certain, les villages furent construits sur des lignes irradiantes à ce rocher : le repeuplement progressa dans les directions de l'est, du nord et de l'ouest ; au sud, le bassin de Pont-Labat, et après le sillon de Dol, le bassin de la Bruyère, empêchèrent le repeuplement de s'étendre de ce côté.

On eut bien raison de profiter d'abord du centre des marais ; car on y trouva, plus épaisses qu'ailleurs, des couches alluviales qui permirent de retirer du sol des cultures fructueuses, et d'y construire des demeures plus solides et moins exposées aux submersions.

C'est à la sagacité des premiers habitants que l'on doit d'avoir au centre des marais une suite de grands villages, bâtis au sein du meilleur territoire, et enveloppés de grands végétaux dont le pommier est entre tous le plus splendide et le plus avantageux.

Les pommiers, plantés en rangs à l'intérieur des parcelles, contribuent avec les ormeaux, les frênes, les saules, etc., etc., plantés aux bords des fossés, à composer une oasis de 6,400 hectares, séparée des collines méridionales par les bassins d'eau douce, et du rivage de la mer par des bancs de sable coquillier.

Des hauteurs de la Bosse-à-l'Abbé, où il s'appuie dans l'est ; du sommet du Mont-Dol qui le divise ; des coteaux de Saint-Guinoux qui l'appuient dans l'ouest, ce beau verger inspire des souhaits de bonheur pour ceux qui l'ont vivifié et pour ceux qui en perpétuent l'entretien.

Prenant en considération les productions végétales particulières aux terres alluviales les plus plastiques et déposées en couches les plus épaisses au centre des marais ; désirant, à la faveur d'un mot approprié, se dispenser de circonlocutions gênantes, on se servira ici du nom de Bocage pour désigner la contrée des marais où se font remarquer les arbres à fruits, ainsi que ceux à bois dur, comme le frêne et l'ormeau.

LES DUNES DES MARAIS

Quand la partie centrale fut peuplée, on vit se grouper, au bord de la mer, des pêcheurs avec leurs cabanes. Ceux qui s'y rendirent les premiers, vers l'est, profitèrent du banc de sable situé entre Sainte-Anne et les Mondrains de Cherrueix : aux extrémités de ce banc, les grandes marées continuaient de s'avancer dans les terres, et les derniers flots convergeaient à l'Ille-Guy.

Le banc de sable de Cherrueix contient les villages de la haute rue de Sainte-Anne, du Lac, du Han et du bourg; la Larronnière, qui fait actuellement partie de la même commune, en était séparée par une anse de mer qui s'étendait de la Corderie au Bois-Robin. Pendant les grandes marées, les habitants du banc étaient cernés par la mer ; ceux de la Larronnière ne virent jamais leurs communications interrompues avec le Mont-Dol, attendu que les terres du Bout-du-Chemin et de la Grandville, sur lesquelles était ouvert le chemin dolois, furent des premières que la mer abandonna.

En suivant le rivage dans la direction de l'ouest, le joli petit banc de sable du Vivier se couvrit de pêcheurs. A quelques mètres au-dessus du banc d'huîtres, qui marqua le point des basses-marées pendant l'époque aquatique, s'élevèrent des maisons bien proprettes et bien abritées des vents; elles étaient basses et protégées du côté de la mer par le banc de sable. Limités à l'est et à l'ouest par deux anses de marées, les premiers habitants du Vivier ne jouirent de voie de communication permanente que du côté du centre des marais : ils n'eurent à leur service que le chemin de l'église qui, passant par l'Echalais (1), se continuait par le chemin de la Sente jusqu'au tertre de Mont-Dol, où ce dernier aboutit.

Le repeuplement des bancs de sable du rivage se continua par groupes d'habitations, et forma les villages de Hirel, de La Gouesnière, de Ville-de-la-Marine et de Saint-Benoît-des-Ondes. Chaque groupe était séparé de ses voisins par des anses de marées plus ou moins étendues.

On mesurerait exactement encore les intervalles que la mer occupait entre les villages au début du repeuplement : le sol y est plus bas qu'ailleurs ; il est dénudé de grands végétaux ; et, comme pour ce motif il est partout à découvert, on y a construit une vingtaine de moulins à vent, groupés eux-mêmes entre chaque village.

_____

(1) L'Echalais, et non le châlet comme on l'a désigné quelquefois, est un des points les plus élevés du barrage marin; il est situé sur la ligne du Mont-Dol au Vivier, et à peu près à égale distance d'un bourg à l'autre.

On reconnaîtrait aussi que chaque village possédait une voie de communication tracée dans la direction du Mont-Dol (1), et que si cette voie affectait de longs détours cela tenait à l'inconstance des marées, et par suite à l'obligation de contourner les parages submersibles : la sécurité des habitants était à ce prix.

Serait-il possible de ne pas arrêter un instant sa pensée sur l'imminence des périls que les populations affrontèrent en ce temps-là ! Leurs demeures fixées sur des bancs de sable mobile, cernées fréquemment par la mer, ne font-elles pas frémir !

Que l'influence de l'habitude soit de convertir tous les dangers en conditions pour ainsi dire normales, il n'en saute pas moins aux yeux des personnes, qui prennent le temps de la réflexion, que les habitants des grèves affrontèrent des périls exceptionnels.

Le rivage est très peuplé sur une longueur de 15 kilomètres ; si les maisons qu'on y a bâties étaient rangées sur une seule ligne, elles se toucheraient par les pignons. Autrefois, les constructions étaient basses et couvertes de chaume ; elles ne contenaient que peu de bois et que peu de pierres, parce que l'approvisionne-

---

(1) Il ne faut pas oublier que, dans les premiers temps du repeuplement des marais, il n'existait pas de moyens de communication avec les coteaux les plus rapprochés des extrémités du rivage ; car la mer était pour ainsi dire en permanence dans l'anse de Sainte-Anne, comme dans l'anse des Nielles en Saint-Méloir.

ment de ces matériaux, ne pouvant être fait qu'à de grandes distances, était rendu presque impossible par l'état impraticable des chemins.

Aujourd'hui, les améliorations dans la bâtisse permettent d'espérer qu'il s'en accomplira d'autres dans les services de l'exploitation rurale.

La culture des terres les plus rapprochées du rivage se pratique à la bêche ou à la charrue : dans le labourage à la charrue, on sillonne dans la direction du nord au sud.

Cette disposition culturale contraste avec celle du bocage où les sillons sont tracés de l'est à l'ouest. Il est à noter toutefois que depuis La Fresnaye aux coteaux de La Gouesnière et de Saint-Guinoux, de même qu'aux approches de la Bruyère, le sillonnement est exécuté comme sur le rivage, c'est-à-dire du nord au sud.

Serait-ce trop hasarder que de déduire de ces différents modes de labourage l'ordre d'ancienneté de la mise en culture ?

L'époque de la division du sol par les fossés creux, qui marquent un morcellement plus long de l'est à l'ouest que large du nord au sud dans le bocage de Cherrueix, de Mont-Dol, du Vivier et d'une grande partie de Hirel, n'est-elle pas plus ancienne que celle des terres sablonneuses du rivage, que celle du bocage de La Fresnaye (1), et que celle des terres conquises sur les bassins d'eau douce, où l'on observe une disposition contraire dans les dimensions des parcelles ?

Sans entrer plus longuement dans les considérations qui ont motivé le morcellement des marais, ici dans un sens, là dans un autre : qu'on ait voulu se servir, pour les cultures, d'une exposition plus ou moins directe au soleil ; qu'on ait voulu mettre en pratique un système de lottissement distinct ; on constate sans effort que ce territoire, après avoir subi de la part des eaux des différences bien tranchées, est devenu ensuite, de la part des hommes, l'objet de prédilections tout aussi variables.

Quelque goûtés que soient les propos digressifs sur la direction des sillons et des fossés creux, le repeuplement des marais, lui, commencé par le bocage, se poursuivit sur les bancs de sable et y acquit une proportion très-marquée. Comme il est utile de différencier, par une dénomination spéciale, les villages du bord des grèves de ceux du centre, qu'on a nommé le Bocage, on adopte le nom de *Dunes* pour les premiers.

Ce nom, d'ailleurs très répandu, est admis en tous

(I) Bien que le tracé des sillons suive la même direction sur le rivage que dans le bourg de La Fresnaye, la nature du sol est bien différente dans les deux endroits : autant la terre est légère sur le rivage, autant elle est forte dans La Fresnaye.

lieux pour caractériser un territoire où le sable domine sur la matière terreuse ; il est bien applicable au rivage des marais, puisque les coquillages y prédominent au point que les racines des arbres en sont corrodées, et que la flore des sables y prospère au mieux.

Contrairement à la spéculation des habitants du Bocage, qui retirent du sol les fruits de copieuses moissons, les habitants des Dunes ne se livrent pas d'une manière absolue à la culture des terres : ceux-ci se font pêcheurs, marins, marchands blâtiers, meuniers, etc., etc., et ceux qui cultivent la terre bornent leurs entreprises à quelques centaines d'ares seulement.

Le Bocage et les Dunes sont les seules régions des marais où le repeuplement ait pris une réelle extension; contenant ensemble 7,520 hectares surperficiels, on y compte 9,282 habitants répartis comme suit : 5,080 pour le Bocage, 4,202 pour les Dunes.

On a parfois tenté de fixer les populations dans d'autres régions des marais : il n'y manque pas de vestiges d'anciennes constructions ; on y voit même encore quelques habitations éparses dont les dates ne sont pas reculées. Tout désireux que l'on soit de voir se rapprocher des parages livrés depuis peu à l'exploitation, les cultivateurs dont les déplacements sont tout à la fois très-pénibles et très-onéreux, on ne s'expose pas à l'erreur en affirmant que les conditions économiques restant écartées rien dans ce genre de progrès ne s'accomplira.

LES MARAIS NOIRS

La méthode d'abréviation, suivie en ce moment pour résumer d'un seul mot (comme *Bocage.... Dunes*) les différentes classes et les diverses situations des marais de Dol, resterait inachevée si l'on y admettait les territoires les plus exposés aux inondations soit par l'eau fluviale, soit par les marées. Ces divisions contiennent ensemble 8,800 hectares et ne sont pas habitées.

Au lieu de désigner les marais d'eau douce par les noms de Pont-Labat, les Natais, la Bruyère, la Grande Rosière, la Mare-Saint-Coulman, les Aulnayes, on propose de leur appliquer ici le terme générique de *Marais noirs*.

L'aspect physique, déterminé par les sédiments noirâtres, issus de la décomposition des végétaux aquatiques, justifiera cette dénomination que tous les habitants du pays saisiront du premier [coup. S'il s'agissait d'une délimitation d'héritage ou bien d'opérations cadastrales, des noms variés conviendraient mieux sans doute ;[mais ayant à qualifier une substance identique physiquement et analytiquement, la dénomination de *Marais noirs* entre d'elle-même dans la pensée. Que ceci ne porte ombrage à aucun intérêt privé, car il n'entre ici aucune question de cette sorte.

Si les Marais noirs ne sont pas habités et ne sont pas encore habitables, à cause du peu de sécurité qu'ils offrent à la culture et à la santé des cultivateurs, on ne doit s'attendre à les trouver meilleurs qu'après les avoir soumis à un mode d'exploitation appropriée, et, pour en mesurer la convenance, c'est aux espèces végétales qu'il faut s'adresser avant d'y risquer la vie des laboureurs.

Quand les Marais noirs permettront aux arbres de fleurir et de rapporter des fruits dignes d'être servis sur les tables, ou de composer des boissons recherchées des hommes, alors les familles humaines pourront y résider : jusque-là, non.

Les arbres à bois mous n'indiquent pas les endroits où l'homme vit aisément; tant que les Marais noirs n'en fourniront que de cette espèce on se défiera avec raison de les habiter d'une manière permanente.

Les Marais noirs, que le grand barrage marin

tenait enclavés, et qui de ce fait demeurèrent plongés sous l'eau pendant une série de siècles, n'ont été soulagés efficacement que depuis vingt et quelques années : les seuls produits qu'on en retirait jadis consistaient en roseaux et autres grandes herbes aquatiques uniquement propres aux litières pour le bétail. Du Pont-Labat et du pourtour du Bocage, le sol étant de meilleure qualité qu'au centre de la Bruyère et de la Grande-Rosière, on retirait des roseaux dont la longueur permettait de les utiliser à la couverture des logements.

LES MARAIS BLANCS

Cette dénomination est depuis longtemps employée pour désigner notamment l'anse de marée située entre Saint-Broladre et Sainte-Anne; on propose de l'appliquer aussi à l'autre anse de marée comprise entre Saint-Benoît et Saint-Méloir-des-Ondes.

La qualification de Marais blancs donnée aux régions terraquées sous l'influence de la mer, se vérifie sans conteste à Sainte-Anne et à Saint-Benoît ; elle vient de ce que le sol est de couleur grise quand le

temps est humide, et de ce qu'il se décolore entièrement en temps de sécheresse. (1)

Le Marais blanc de Saint-Benoît est formé d'une
marne compacte qui le rend plus fertile que le Marais
blanc de Sainte-Anne, dans lequel existe une proportion plus élevée de sable coquillier.

Dans les deux endroits les plantations d'arbres frui-
tiers ne réussissent pas encore ; mais la culture du
froment, de l'orge et de la luzerne y fait merveille
quand elle est favorisée par les saisons, et, avant tout,
par un bon entretien des canaux d'écoulement qui seuls
peuvent faire abaisser la nappe d'eau au-dessous des
racines végétales.

N'était la grande distance qui sépare les habitations
des cultivateurs de leurs champs d'exploitation des
Marais blancs; n'était aussi le fâcheux état des chemins
qui conduisent à ces terroirs, qu'on ne tarderait pas
à retirer d'une culture paisible des produits annuellement rémunérateurs, au lieu qu'ils ne le sont aujour-
d'hui qu'accidentellement.

---

(1) Dans la grève de Châteaurichcux, sous Saint-Méloir, on trouve des
rognons d'argile calcaire que les flots ont détachés des vases du large et
roulés au plein : ils deviennent gris à la surface, sitôt que l'air les saisit :
ils restent d'un beau bleu foncé à l'intérieur, tant que la sécheresse et la
lumière n'en ont pas pénétré la masse.

Admettant le choix fait ici des noms de : *Bocage*, de
Dunes, de *Marais noirs* et de *Marais blancs*, que ne
découvre-t-on, sous le voile unique jeté au-dessus des
marais de Dol, les traits lucides qui divisent ce pays,
et en font des différences aussi grandes en géologie
qu'en productions végétales spontanées ou cultivées.

Quant à la condition réelle des personnes qui des-
cendirent les premières aux marais, il serait superflu
de rechercher plus longuement si leur changement de
résidence tint à la fuite, à l'émigration autorisée ou à
la proscription : il serait bien facile de démontrer
toutefois qu'elles n'étaient pas les plus favorisées de
la fortune.

Une fois qu'ils furent retirés sur un territoire en-
touré du côté midi par les eaux douces, du côté du
nord par la mer, à l'ouest et à l'est par l'alternation
des flux et des reflux, ces nouveaux insulaires vécurent en pleine possession d'eux-mêmes : il ne manquait à leur bonheur que de pouvoir pratiquer facilement, et en toute célèbre occasion de la vie, la religion
chrétienne, à laquelle ils avaient été consacrés dès le
berceau et dans laquelle ils espéraient mourir. Les aspirations religieuses ne se sont jamais révélées en
vain dans le pays de Dol.

POSSESSION DES MARAIS

Le diocèse de Dol, illustré dès les premiers temps (1) par des ministres aux vertus sublimes, s'empressa de correspondre aux aspirations religieuses des habitants des marais.

Au premier signal des chefs de l'Église, ce fut à qui se rendrait le premier chez les peuplades de la basse-terre. L'inclémence miasmatique, le dégoût paludéen, et les fatigues d'une assistance suivie auprès d'une foule de malades, ne firent échec à aucun prêtre de ce diocèse.

Quoique l'époque de la mise en scène des nobles et courageux desservants des paroisses des marais remonte à quelques siècles, il n'y a que justice à s'en ressouvenir.

Rappeler que, en ce temps-là, les sentiers de communication entre les villages et les

______

(1) L'archevêché de Dol fut le berceau d'une pléiade de saints dont les éminentes vertus ont été sanctionnées par l'histoire.

églises étaient impraticables pendant neuf mois de l'année ; qu'au lieu de suivre les chemins, les prêtres, comme les fidèles étaient réduits à passer d'un champ dans un autre, soit en faisant le saut de la perche, soit en marchant en équilibre sur des passerelles rondes formées d'un pied d'arbre avorté ; et cela à chaque fossé séparant les milliers de parcelles du Bocage : n'est-ce pas exposer la vérité sur les relations entre les hommes des marais ; n'est-ce pas le tableau fidèle de la vie de ces campagnes !

Qu'y a-t-il de moins pénible présentement ?

Sinon que quelques tronçons de chemins ont été empierrés, et facilitent l'abord de certains villages ; sinon, encore, que le système d'écoulement, quand on se donne la peine de le surveiller et de l'entretenir, réduit la fréquence et la dimension des *tranchées* (1)

---

(1) L'eau couvrait les chemins dans maints endroits, elle couvrait également les rives des fossés où les passerelles étaient appuyées : il n'en résultait que de sinistres conséquencees pour les personnes qui étaient forcées de franchir ces obstacles.

qu'il fallait traverser dans l'eau jusqu'à mi-jambes, pour se rendre d'un point à un autre.

Oh ! si le courage civique et religieux a quelque part une patrie, qu'on se souvienne, à l'occasion du repeuplement des marais, qu'il a fait un long séjour dans chaque village et dans chaque presbytère du bas-pays.

Il n'est pas nécessaire d'être avancé en âge de plus d'un demi-siècle pour savoir que ce l'on dit ici n'est que l'exacte vérité. Qui n'a vu que pour rendre praticable l'exercice du culte on fut dans la nécessité de construire, outre les églises paroissiales de Mont-Dol, de Cherrueix, du Vivier, de Hirel, de Saint-Benoît, de La Fresnaye, les chapelles de Sainte-Anne, de Saint-Julien, de Saint-Lunaire, du grand Vau-de-Mer, etc., etc. ? (1)

Qui ne se souvient de ces monticules de terre, élevés dans les carrefours des chemins, et surmontés d'une croix, où l'on inhumait

----

(1) De toutes ces chapelles il ne reste debout que celle de Sainte-Anne, et encore n'est-elle plus livrée au culte.

les morts dans les temps d'épidémie, et pendant que les communications avec les cimetières généraux étaient interceptées par la boue ou par l'eau (1).

Le peuple des marais, témoin et victime d'une périlleuse nature, se livra corps et âme à ses pères en religion : en échange d'une confiance absolue à leur égard, les ministres du culte catholique ne se montrèrent insensibles ni aux peines ni aux joies des familles et des individus (2).

Toutefois relevant eux-mêmes d'une administration à laquelle étaient attachés de grands

(1) A l'heure qu'il est, cet usage ne serait pas sans certaine utilité, car on est encore obligé, pendant l'hiver, de transporter, à dos d'hommes, les défunts des villages écartés des chemins praticables qui aboutissent aux églises. La moitié des convois funèbres s'effectuent de la sorte.

Et puis, comme il n'était pas rare de voir les jeunes filles, excédées de fatigues par les mauvais chemins, contracter des maladies graves, et souvent mortelles à la suite d'avoir porté en terre leurs camarades défuntes, les curés dans leur sollicitude ont reconnu la nécessité de ne permettre qu'aux garçons ou aux hommes mariés de porter en terre les défunts des deux sexes.

(2) Au mois d'avril dernier le vicaire de Roz-Landrieux fut obligé de se faire porter en chaland au centre de la bruyère pour donner le viatique à une mourante.

priviléges, ils durent s'y conformer : nonobstant les tendances contraires, issues de l'expérience du pàssé et énergiquement accusées
présentement par les fidèles, ils durent se
soumettre à la règle générale.

Les pouvoirs civils régnèrent longtemps
sous la bannière du Christianisme; ils eurent
pour appui la propriété foncière, le peuple
n'en étant que le dérivé : la formule adoptée
par le gouvernement de cette époque semble
devoir être résumée dans ces termes :

Point de propriété sans titre ;

Point de titre sans noblesse ;

Point de noblesse sans clergé.

Quelles que fussent les opinions des habitants des marais, au sujet de l'attribution de
la propriété foncière, ils ne purent, en présence de cette déclaration formelle, prétendre
le bon droit à la possession du sol qu'ils
avaient occupé les premiers. Pour posséder, il
leur fallait un titre légal qu'ils n'avaient pas; le
clergé, au contraire, représenté par quelques

desservants, en possédait un; rien donc de plus légitime pour le temps que la prise de possession des marais par le premier titré qui se fût donné la peine d'y descendre.

A dater de cette phase historique, le chapitre métropolitain de Dol vit renaître des richesses qui étaient taries depuis l'invasion de la forêt de Scissy. Doué d'une persévérance inaltérable, et représenté dans chaque paroisse par des ministres d'une charité éprouvée, il s'attacha des cœurs bien trempés pour l'hommage et pour l'obéissance. Sous ses ordres, les villages furent recensés, les terres furent divisées en lots, puis différents systèmes d'arrentement furent employés.

Relativement au Bocage, qui était la contrée la plus fertile, la moins submersible, et qui se trouva par conséquent la première repeuplée, l'usage de l'arrentement direct fut généralement préféré.

Relativement aux Dunes et aux Marais blancs, dont la jouissance, avant de devenir paisible, exigeait des travaux préalables, le chapitre s'en dessaisit sous la réserve d'obligatious seigneuriales.

La mission du clergé ne se prêtait guère ni aux tailles ni aux corvées, tant qu'il ne s'agissait pas de travaux intéressant ou le culte catholique ou l'asile des ministres; la noblesse pouvait plus facilement descendre de la hauteur de ces vues pour se livrer à des entreprises plus terre-à-terre.

Aussi le chapitre céda-t-il aux maisons nobles de la côte les marais les plus rapprochés du rivage, à la condition d'y exécuter certains travaux de conservation et d'agrandissement.

Comme ces concessions ne devaient procurer que des avantages matériels, dénuées qu'elles étaient d'agrément et même de sécurité, les feudataires les firent administrer par des agents auxquels le pays a conservé le nom de *châtelains*. Ceux-ci, munis à leur tour du pouvoir de requérir les paysans à la corvée, préparèrent certains endiguages, ou, pour être plus vrai, certains entassements de sable, dans les lacunes par lesquelles les grandes marées pénétraient.

Au fur et à mesure que les châtelains parvenaient à préserver de la mer les fiefs qui leur étaient confiés, ils les livraient à l'exploitation directe, ou bien ils en arrentaient aux noms de leurs maîtres des portions aux paysans. Bien des châtelains actifs, intelligents et soucieux de leur mandat furent récompensés par la remise de sous-fiefs, ou même d'alleux.

Quelques maisons monastiques de la côte furent dotées, comme certaines maisons nobles, de portions de marais qu'elles firent gérer de la même manière.

Enfin, il ne resta plus que les Marais noirs et notamment celui de la Bruyère (1) dont la

____

(1) La Grande-Rosière fut administrée par les maisons nobles. Le Pont-Labat fut arrenté et morcellé bien longtemps avant les Marais noirs; plus rapproché des habitations, et d'une qualité intrinsèque supérieure aux autres, le chapitre trouva facilement à qui en concéder les parcelles.

concession n'eut lieu que longtemps après celle des autres divisions (1).

Il n'est pas douteux que la possession intégrale des Marais incomba au chapitre de Dol, et qu'il conserva la suzeraineté sur les fiefs qu'il détacha de ce territoire; il n'est pas douteux non plus que les feudataires mirent à profit les droits de corvées et de tailles, de lods et ventes, pour s'assurer la possession des parties concédées, et en retirer tous les avantages imaginables.

Sans avoir la prétention de faire ressortir la variété des actes féodaux rapportés au

(I) La Bruyère fut concédée à la fin du siècle dernier, à la condition que le concessionnaire s'occupât de la dessécher : celui-ci fit usage d'un appareil hydraulique établi dans la commune de La Fresnaye, où le nom de *La Machine* a été conservé. Bien que l'entreprise ne fut pas suivie de succès, le concessionnaire devint propriétaire incommutable du fait des changements opérés dans le régime des biens de l'Église.

sujet de la gestion des Marais, où les chefs de la féodalité ne résidèrent jamais; et, avant de rentrer dans la question inhérente à ce sol même, il n'a pas paru sans à propos de rappeler qu'en un temps donné les rivages de la Manche furent envahis par la mer, bien au-dessus du niveau où elle était descendue précédemment; et que, plus tard, les alluvions, ayant exhaussé le terrain primitif, les limites extrêmes des marées se trouvèrent réduites, à quelque chose près, au point où elles se passent aujourd'hui.

Il n'est pas sans importance de connaître que, dans cette situation, les autorités siégeant sur l'ancien littoral convoitèrent les attérissements qu'ils virent se dessiner au fond des golfes, des baies et des vallées.

Dans les Marais de Dol, en particulier, les prétentions et les revendications fécondèrent l'esprit d'entreprises féodales, en ce sens que du vassal au suzerain ce fut à qui obtiendrait le rôle le plus élevé; dans cette occurrence, il n'est pas certain que le chapitre de Dol eut toujours le dessus. Une contrée neuve, qui rapporte des tributs considérables, ne devait-elle pas, en ce temps-là, surtout, stimuler le génie de la force ! (1)

En fait, la propriété des Marais de Dol reposa quelque temps sur les principes de première occupation : en droit, la possession fit retour au clergé, auquel il fut loisible de distraire des fiefs au profit des maisons nobles et des établissements monastiques.

De là est arrivée une grande différence dans le morcellement du territoire.

Le chapitre, n'ayant ni le temps ni le devoir d'exploiter par lui-même, ni par des mandataires directs, les quartiers qu'il s'était réservés, en arrentait des portions à ceux qui lui offraient quelques garanties d'intelligence,

---

(1) Soit dit dès à présent, une terre qui ne coûte aujourd'hui que quelques lignes d'écriture authentique, passive qu'elle est devant les acquéreurs, comme devant leurs écus, coûtait autrefois la vie d'une multitude d'hommes que l'on conduisait pour en faire la conquête; encore bien que la plupart d'entre eux fussent, à cause de leur origine, frappés de l'incapacité d'en posséder quelque portion.

de travail et de soumission; il divisait et subdivisait son domaine à la demande des preneurs.

La noblesse, moins ménagère des droits de tailles et de corvées, n'hésitait pas à s'en servir pour arrondir ses domaines : n'avait-elle pas d'ailleurs dépêché aux Marais des agents spéciaux à la condition qu'ils lui apportassent dans ses châteaux du Terrain tous les fruits dus à ses priviléges ?

Encore, à cette heure, on reconnaît les domaines de la noblesse d'avec ceux qui relevaient du chapitre : le morcellement de ces derniers contraste avec l'arrondissement de ceux-là.

Tout en s'imposant le programme formulé dans l'introduction de cet écrit de ne citer ni dates, ni noms propres ; bien que par un sentiment généralement admis comme le plus respectueux, on se soit astreint jusqu'ici à n'employer les verbes ni à la première ni à la seconde personne du singulier ou du pluriel de chaque temps, non plus que les pronoms personnels de première catégorie; encore bien qu'on ait évité de particulariser les faits dépendant des personnes, il est pardonnable au moins de faire une courte excursion sur des immeubles dépendant de la juridiction séculière du clergé.

Il y a 134 ans, le chapitre de Dol arrenta à la même personne quatre parcelles de Bocage distantes d'ici et de là de deux kilomètres, en suivant les contours des chemins.

La première contenait trois journaux . . 3 jᵉ. »

La seconde contenait un jour onze cordes 1 11

La troisième contenait vingt-cinq cordes 0 25

La quatrième contenait trois jours . . 3 »

Au total : 7 journaux 36 cordes, ou, selon les mesures modernes, 3 hectares 72 ares.

Le preneur s'engageait à payer annuellement 21 boisseaux (12 hectolitres 50 litres) froment Marais (1), mesure de Dol, — plus

---

(I) En ce temps-là on ne récoltait que du seigle, de l'avoine et du blé-noir, au Terrain; le froment qu'on y cultivait durant le premier quart du xıxᵉ siècle manquait encore de qualité : voilà pourquoi on stipulait dans les actes d'arrentement la qualification de Marais, celle-ci comportant une qualité supérieure dans la sorte du grain.

8 sous monnoie, — plus une poule et 8 œufs, rendus au palais épiscopal ou aussi loin, quitte de port.

On se trompe incontestablement si l'on attribue le morcellement des Marais, et notamment du Bocage et des Dunes, à la pratique des lois modernes ; non, il remonte aux premiers siècles de l'exploitation, il est facile d'en trouver la cause.

Inhabités par ceux qui les possédaient suzerainement, les Marais n'étaient attrayants que proportionnellement aux bénéfices qu'on en retirait; comme les parcelles les plus petites étaient les plus surenchéries, les bailleurs procédaient par division et par subdivision, suivant les instances des preneurs.

Telles sont les causes du morcellement extrême des régions qui furent les premières repeuplées, tels en sont les effets que le passé pèsera toujours bien lourdement sur la situation économique de l'exploitation future.

Exceptant, en effet, une vingtaine d'anciens fiefs, on ne trouve pas, dans les Marais de

Dol, une ferme de 15 hectares attenant aux logements d'habitation et d'exploitation. En est-il de 5 hectares? mais non; et, outre que les morceaux sont disséminés de 2 à 4 kilomètres au loin des bâtiments ruraux, les accès sont partout très-difficiles. Ce qu'on trouve? c'est des parcelles de 36 ares à 1 hectare; dans le Bocage et sur les Dunes, on prend à loyer des morceaux de terre appartenant à deux, trois et un plus grand nombre de propriétaires (1).

Les lois en vertu desquelles les Marais faisaient partie du domaine privilégié furent suivies pendant cinq siècles au moins sans interruption; le droit commun n'est en exercice que depuis sept fois moins de temps;

(I) Qu'on ne s'imagine pas que ce régime soit nouveau; ainsi, il y a 200 ans que, dans le Bocage, la même personne était vassale de plusieurs seigneurs pour des petits coins de terre ressortissant à diverses juridictions, toutes situées au Terrain; pour en faire foi, un aveu à la juridiction de Dol, un autre à celle de Baguer-Pican, un autre à celle de Baguer-Morvan, un autre à celle de Saint-Léonard; et tout cela pour quatre parcelles formant ensemble cinq journaux de terre (2 hectares 40 ares), entremêlés çà et là dans deux paroisses.

aussi combien peu stables sont encore les relations des propriétaires avec leurs fermiers.

Ayant à rechercher les services rendus aux Marais sous l'ancien et sous le nouveau régime, il est nécessaire de scinder le rapport des faits qui ont intéressé l'un et l'autre; personne ne peut s'égarer dans cette voie, attendu que si l'histoire se tait sur les améliorations anciennement tentées, elle est écrite et distribuée dans les mairies de l'enclave en ce qui concerne les travaux datant d'une soixantaine d'années. Ce qui n'est pas écrit ni mis à la portée de tout le monde, au sujet des grands travaux exécutés dans les basses-terres, doit avoir pris date sous le régime ancien par lequel il s'agit de commencer.

Toutefois, avant de pénétrer au cœur de l'exploitation des Marais et d'en saisir les palpitations, qu'il soit permis de jeter un coup d'œil sur les affaires industrielles et commerciales, comparées avec celles de l'agriculture proprement dite. Si une courte digression dans ce sens n'est pas faite pour effacer les

préjugés qu'elle soulève, qu'elle passe au
moins sans blesser ceux qui ont la prétention
d'en être affranchis.

⎯⎯⎯⎯⎯◦◦◦⎯⎯⎯⎯⎯

La fortune de l'homme des champs est non
moins inconstante que celle de l'homme des
villes : si celle-là n'est pas soumise à des écarts
aussi tranchés, elle ne s'élève en aucun cas
à la hauteur de celle-ci.

L'homme des champs spécule et agit sur
la matière vive : végétaux et animaux. Il ne
voit son ouvrage parfait que s'il a été secondé
par des circonstances naturelles sur lesquelles
il n'a pas d'empire.

L'homme des villes, agissant sur la matière
inerte, dont il a calculé la valeur et l'emploi,
est autorisé à compter sur son intelligence,
sur sa force ou sur son adresse.

L'homme des champs obéit aux vicissitudes

des saisons : l'homme des villes escompte les intempéries aussi avantageusement que la douceur des climats. Puis encore, administrés par des édilités instruites, riches et influentes, les hommes des villes deviennent égaux en moyens de relations et d'exploitations industrielles.

N'est-ce pas dans les villes que se rassemblent les richesses nationales ? Les villes ne sont-elles pas les foyers d'où émergent les connaissances : voire même celles qui concernent les services ruraux ? Et, cependant, quand, par hasard, de la ville les chefs du mouvement rural passent à la campagne, quel rôle effacé ne jouent-ils pas en agriculture pratique ?

Assez, sur le parallèle entre l'homme des villes et celui des champs : si les mœurs sont contradictoires la liberté n'y a rien perdu.

N'ayant plus à s'occuper que des villageois on se demande d'abord où est leur tarif ; ont-ils les premiers pouvoirs sur la hausse ou sur la baisse de leurs propres denrées ? Et cependant les produits agricoles ne reviennent jamais au même prix à tous les cultivateurs : aux uns ils coûtent moitié plus qu'aux autres, sans que nul ne soit inculpable. Le principal dépend du lieu où l'on opère, et de la conduite des saisons; l'accessoire, l'homme n'a pas d'autre importance, est dévolu au laboureur.

A-t-il cultivé au Marais ou au Terrain; — une plaine ou une montagne ; — une vigne ou un pré; — du froment ou du seigle; — du sarrasin ou des pommes de terre, etc., etc.?

A-t-il éprouvé une inondation ; — un orage ; — une gelée ; — une sécheresse ? Sa famille a-t-elle été bien portante, ou non ; — quelque fléau n'est-il point descendu sur ses végétaux ou sur ses animaux ?

La fortune de l'homme des champs est intimement liée à cette foule de conjonctures.

Il est évident qu'on essaie d'unifier le prix de revient, actuellement trop variable, entre les produits similaires de l'agriculture ; cette opération est déjà fort avancée en matière de commerce et d'industrie.

Pour neutraliser les contre-temps qui affligent les campagnes, on avise aux moyens d'aplanir les principaux embarras ; mais il n'y a pas à s'illusionner, l'uniformité des voies et moyens n'est encore qu'une chimère qui caresse certaines contrées , tout en en étreignant d'autres et naturellement des plus fertiles.

Et la preuve ? voici les Marais de Dol que la Providence a organisés aussi parfaitement que l'eût pu faire la science humaine, théoriquement la meilleure ; il n'y manque rien intrinsèquement ; c'est mieux, on y a entretenu de siècles en siècles des agents spéciaux, un service spécial pour y fonder une jouissance paisible, économique et salutaire au profit des personnes qui en ont eu la possession, de même que de celles qui les habitaient. Eh bien ! a-t-on été secondé efficacement ? Le dénouement à ces honnêtes soucis, à ces légitimes aspirations, est-il proche

Oh ! les vestiges du génie abondent bien véritablement, mais ils sont segmentés de elle sorte que si l'application triompha un our, l'œuvre périclita dès le lendemain.

Pour se convaincre de la vérité de ces ppréciations, il suffit de suivre l'énumération, ccompagnée d'une courte analyse, des tra-aux exécutés par les corvées et les réqui-itions depuis le commencement de l'époque gricole ; on verra ce que les habitants des Iarais ont payé de leur personne et de leurs eniers avant d'arriver à la situation actuelle ont l'exposé est le critérium de leur énergie.

EXPLOITATION

Narrant par ordre les ouvrages qui marquent les ifférents âges de l'exploitation des Marais de Dol, on encontre au début ceux qui devaient donner écoule-ient aux eaux pluviales s'assemblant sur les points déprimés les plus proches des habitations. Deux pentes s'offraient pour réaliser ce projet : l'une du côté des Marais noirs, c'était la plus marquée; l'autre du côté des anses de marées, c'était la plus variable.

Dès le principe, on ouvrit des rigoles d'écoulement sans se préoccuper de la distance à faire parcourir aux eaux avant de les faire se jeter dans le réservoir commun, autrement dit, dans la mer; le but primitif était que les abords des villages fussent le moins possible submergés. Réduites à ces proportions, et sans autres visées, on traça des rigoles d'écoulement d'une mare à l'autre; les trajets en furent tellement sinueux qu'il n'est pas rare de voir parmi ceux qui ont été conservés des changements de direction, à angle droit.

Quoique l'exécution de ce premier travail dénote un manque de vue générale, et même une conception enfantine, elle n'en allégea pas moins les difficultés de tenir les champs en communication avec les bâtiments ruraux. Bien entendu que personne ne revendiquera la priorité de ces rigolements, mais comme ils ne se sont pas faits eux-mêmes il est juste d'en attribuer l'initiative aux plus anciens laboureurs.

Suivant de proche en proche l'exploitation des terres délaissées par les eaux, et recueillant des parts copieuses de très abondantes moissons (1), les dépositaires de l'autorité prescrivirent des mesures à l'aide desquelles ils comptaient tirer un parti avantageux des grains qui leur revenaient en rente, et aussi de ceux qui restaient aux mains de leurs tenanciers.

Dans ce but furent donc créés les nombreux moulins qu'on observe dans le pays ; chacun d'eux fut doté de priviléges sur la mouture.

En même temps que cette séduisante spéculation entrait à l'ordre du jour on y annexa un système d'écoulement général destiné à soustraire aux inondations d'eau douce la zone la plus voisine du Bocage ; c'est-à-dire, les quartiers qui n'étaient pas engagés au fond des Marais noirs, et qui, mieux que ceux-ci, se prêtaient en perspective à la culture du froment.

L'ère à laquelle se rattachent ces projets est marquée par la dérivation du Guyoul; c'est un travail caché sous une trop modeste ébauche, mais qui ne laisse que d'impressionner vivement celui qui se donne la peine d'en pénétrer la conception.

---

(1) On est unanime à dire que les Marais de Dol étaient les greniers d'abondance de la Bretagne : les documents-écrits, le nombre et les dimensions des granges le confirment ; les moulins à vent et à eau, en nombre considérable, tant aux Marais que sur les coteaux ou dans les vallées circonvoisines, ne laissent aucun doute à ce sujet.

DÉRIVATION DU GUYOUL

Le Guyoul est une rivière qui reçoit de nombreux affluents par des vallées dans lesquelles sont établies, de distance en distance, des chaussées de retenue destinées à élever l'eau pour former des étangs et faire tourner des moulins. Il n'était pas jadis de maisons nobles ni monastiques qui n'eussent de ces établissements.

A plusieurs kilomètres, en amont de Dol, le Guyoul suit une vallée spacieuse qu'on nomme *les Natais;* elle dépendait autrefois du domaine ecclésiastique.

Autant il avait été facile de créer des moulins dans les vallées supérieures, autant il était difficile d'en créer dans la vallée des Natais; c'eût été sans doute une affaire des plus compliquées si l'autorité du chapitre n'eût traité de suzeraine à vassale la prétention de s'opposer à l'érection de ces usines.

Quelque gênantes que fussent les conséquences de la dérivation du Guyoul, en amont de Dol, elle n'en fut pas moins résolue; il y fut construit six moulins qui, à cause des priviléges y attachés, compensèrent les dommages causés à l'exploitation agricole, et non pas à la santé publique.

Pour exécuter ce projet, il fallut convertir le cours du Guyoul de façon à maintenir les eaux à une hauteur telle qu'avec la pesanteur acquise elles fassent tourner, en passant dessous, la roue motrice des appareils de chaque usine.

Il va sans dire que le lit du Guyoul, au lieu de suivre comme précédemment la partie la plus déclive, ou le fond de la vallée, fut porté dans un lit préparé artificiellement sur l'un des côtés (1); le succès de la spéculation sur la meunerie dépendait de cette condition.

C'est une étude vraiment intéressante que celle qui porte à connaître le système et le but de la dérivation du Guyoul; outre l'élévation des eaux nécessaires au projet, il s'agissait de construire les bâtiments des usines sur des bases solides, et pour éviter les frais de pilotis on fut obligé de prendre le côté droit de la vallée.

Élévation des eaux, d'une part; constructions à bases naturelles et peu dispendieuses, d'autre part, telle fut la solution proposée pour entrer en jouissance de priviléges étendus.

---

(1) Le côté gauche de la vallée des Natais est disposé en collines mamelonnées dont les principales ont pour base l'argile jaune, connue sous le nom de terre-franche.

Le côté droit se présente par pointes plus ou moins avancées se rattachant à des coteaux élevés et à base rocheuse.

S'il est curieux de voir que le cours du Guyoul fut disposé de manière à porter les eaux à la base des pointes rocheuses figurant sur la rive droite de la vallée, il est regrettable, à cause des fâcheux effets qui s'ensuivent, de constater que, pour contenir les eaux, on se borna à édifier des levées en terre seulement; lesquelles n'ayant jamais été suffisamment entretenues, bien que détériorées au moindre en cas d'eau, ont perpétué des marécages avec leur lugubre cortége. Le tracé de la dérivation, portant sur la rive rocheuse, joignait aux avantages déjà cités celui de pouvoir s'approvisionner facilement des matériaux propres à protéger les chaussées en terre contre les atteintes de l'eau : que n'en a-t-on profité ?

Le premier de ces moulins est construit à la Pointe des Vignes de la Vieux-Ville, en Épiniac.

Le second, à la Pointe du Breuil, en Baguer-Pican.

Le troisième, à la Pointe de Lerquay, en Baguer-Pican.

Le quatrième, au Petit-Gué, en Dol.

Le cinquième, à Carfantin, en Dol.

Le sixième, à l'extrémité du filon rocheux qui s'avance du côté de l'Abbaye : ce dernier, le seul qui ait disparu, était nommé le Moulin de l'Archevêque; il existait en amont du pont de ce nom (1).

____

(1) Ne pas confondre avec celui qui existe actuellement à l'aval du pont de l'Archevêque; celui-ci est de date récente.

Si ces moulins offrirent, comme on n'en doute pas, d'importants avantages, durant le régime des priviléges, ils sont tombés à la dernière classe depuis la liberté de la meunerie. Les minotiers modernes, faisant une application économique de l'hydrodynamie naturelle, et des systèmes perfectionnés de moulins, sont arrivés à se passer des priviléges dont jouissaient leurs devanciers (1).

La vallée des Natais, n'étant qu'une baie des Marais de Dol, n'eût pas été mentionnée dans cet écrit si, du tracé ingénieux de la dérivation du Guyoul à travers le Bocage jusqu'à la mer, il n'était résulté un grand bien en aval de Dol; si, d'une autre part, cette rivière, anormalement appelée à faire tourner des moulins, n'eût incessamment compromis l'intérêt sanitaire des populations riveraines, et n'eût soustrait à la jouissance fructueuse d'une centaine de propriétaires ou fermiers, plus de 200 hectares de bonne terre à pré.

En matière d'hygiène rurale, on ne devrait rien tolérer qui fût contraire; la moindre contravention aux règles de la santé fait éclore des germes tout aussi funestes à l'agriculture qu'à l'agriculteur; la vie de

---

(I) Actuellement, les moulins de la Vallée des Natais causent dix fois plus de dommages au sol qu'ils ne profitent à leurs propriétaires, aussi, depuis qu'ils ont cessé de faire partie du domaine privilégié, les voit-on fréquemment publiés et affichés à vendre ou à louer.

l'homme, de ses animaux et de ses plantes, est au prix des mêmes soins.

La dérivation du Guyoul en amont de Dol a donc été fatale à la vallée des Natais; heureusement qu'elle a eu d'autres conséquences pour le pays d'aval; c'est à suivre.

***

Il est appris qu'après avoir franchi le détroit de Carfantin, le Guyoul, suivant sa pente naturelle, se déversait en Bruyère, en côtoyant de l'est au nord la colline de l'Abbaye. Continuer la dérivation de cette rivière dans le but de la faire déboucher à la mer, au lieu de la laisser combler le bassin où la pente l'emportait, n'était-ce pas délivrer des inondations toute la lisière qui se rapprochait du Bocage tant par le niveau que par la fertilité ?

Dans la réalisation de ce projet il s'agissait d'abord de déterminer la ligne par laquelle on ouvrirait un cours artificiel au Guyoul, entre Dol et la mer.

Le sillon de Dol par la Bégaudière et Chanteloup était la ligne préférable et celle qui fut préférée. En prenant cette direction, on se donnait les avantages de creuser un lit dans des alluvions compactes; de plus, on se proposait d'utiliser les déblais à la construction d'une chaussée réunissant les deux conditions : 1° de contenir l'eau de la dérivation; 2° de servir de route pour se rendre de Dol aux Marais.

Dans tout autre tracé il eût fallu traverser quelques parties de Marais noirs : outre qu'on eût, dans ce cas, abaissé le cours d'eau qui aurait entravé l'écoulement des bas-fonds, on n'eût trouvé que de la tourbe tout-à-fait impropre à la création et à la durée des travaux. Ce n'eût pas été, en effet, avec une couche de 25 centimètres de marne, noyée entre deux couches de tourbe (tourbe forestière et tourbe provenant des végétaux aquatiques) qu'on eût édifié des chaussées solides; il était préférable de suivre le sillon de Dol, où il n'existe que 25 centimètres de tourbe noyée entre deux couches de marne (la plus superficielle datant de l'époque aquatique; la plus profonde ayant précédé l'époque forestière).

Depuis Carfantin à venir à la hauteur du Pont-Labat, les eaux dérivées du Guyoul furent conduites au moyen d'une levée en terre érigée sur la rive gauche; la Bruyère fut dès lors soulagée de l'affluent le plus abondant de ceux qui en rendaient la submersion perpétuelle.

En face Pont-Labat, ces mêmes eaux furent contenues au moyen d'une chaussée (aujourd'hui la route impériale n° 155), qui les empêcha de se déverser dans ce bassin.

Il y a ceci de particulier dans le canal de dérivation du Guyoul, c'est qu'il ne passe pas à la crête du sillon de Dol à Chanteloup : ce qui aurait permis de rendre égale la hauteur des remblais de l'une et l'autre rive; on se rendit sans doute à cette considération que, en suivant la pente orientale du sillon, on s'approcherait du dernier filon rocheux au nord-ouest de Dol (1), et que la plus grande portion des matériaux provenant du creusement du lit artificiel servirait de base à une route et acquerrait assez de résistance pour n'être pas enlevée par les eaux.

Il est de remarque, en effet, que de Dol à Chanteloup (2,500 mètres), le Guyoul suit la pente orientale du sillon, ce qui donne au remblai une hauteur double, du côté du Pont-Labat, comparée à celle de la rive gauche; de plus, la dimension des deux chaussées est entièrement à l'avantage de celle qu'on destinait à la grande voirie.

Une fois conduites en plein Bocage, les eaux dérivées n'avaient plus qu'à suivre une pente facile à

(I) D'après ce plan, il a été permis de construire sur des bases solides la rue de Dol, appelée la Lavandrie, et de profiler sur cette rue la chaussée-route qui pénètre aux Marais. Si l'on avait creusé le lit de dérivation sur la crête du sillon, le cours d'eau eût été plus écarté de la ville et n'eût pas, par conséquent, procuré les avantages économiques qu'on en retire.

graduer jusqu'à la mer; les berges du canal, n'eussent-
elles dépassé le niveau des champs voisins, qu'elles
fussent à jamais demeurées étanches.

Si par delà le Haut-Pont une canalisation très-
sinueuse contraste avec le plan parallèle de la route et
de la rivière sur les premiers kilomètres à partir de
Dol, cela tient évidemment à d'anciennes délimitations
de fiefs qu'on ne voulut pas changer (1).

Sans des résistances aussi autorisées que celles qui
émanaient des seigneurs, et que leurs châtelains faisaient
respecter, on s'expliquerait difficilement la perpétuité
des angles droits sous lesquels circule l'eau du Guyoul
depuis le Haut-Pont jusqu'au Vivier.

Enfin, le Guyoul fut mis à déboucher dans l'anse de
marée, et à travers le prodigieux banc d'huîtres du
Vivier.

Les observations précédentes ne seraient pas com-
plètes si l'on omettait de dire un mot sur un ingénieux

---

(1) On sait déjà que, dès le début de l'exploitation, on exécuta des rigoles d'écoulement au centre du Bocage : il est vraisemblable qu'elles
servirent de démarcation entre différents lots d'arrentement, comme
aussi entre différents fiefs

travail exécuté comme accessoire indispensable à la grande dérivation du Guyoul.

Depuis l'établissement du moulin de l'Archevêque, les déversoirs, destinés à donner passage à l'excédant des eaux, auraient livré cette décharge dans la direction de l'ouest ; par suite, auraient intercepté les communications de Dol avec le faubourg de l'Abbaye, et auraient apporté un contingent néfaste aux inondations de la Bruyère.

Pour obvier à ces dangers on établit sous la route (1) de Dol, passant par le faubourg précité, une suite d'arceaux, ou petits ponts, dont l'un se voyait encore, il y a moins d'un siècle, et portait le nom de *Libéra*.

A cent mètres à l'aval de ces ponceaux, on construisit du côté nord de l'Abbaye une levée en terre-plein de 20 mètres de base, laquelle fut profilée à l'ouest de la colline des Iles-Houses, jusqu'en face de l'abreuvoir de la Lavandrie. A la faveur de ce travail que l'on a continué d'appeler la *Levée de Ceinture*, les eaux échappées du grand canal de dérivation, en amont du moulin de l'Archevêque, rentraient dans ce même canal à 300 mètres en aval.

Considéré en amont du moulin de l'Archevêque, le

---

(1) Cette route, aujourd'hui route impériale n° 176, directe entre Caen et Lamballe, n'est plus traversée que par un seul pont, nommé le *Pont des Tendières*.

sol de Lejard et de la Ville-Nicot ne formait qu'un natais ; pour détruire ce marécage, contigu à la ville, l'évêque fit exécuter un projet parfaitement combiné pour dessécher ce parage.

Au moyen d'un émonctoir, passant en syphon sous le coursier du moulin, les eaux, qui jusqu'alors étaient restées stagnantes sur la rive droite du canal, trouvèrent un débouché commun avec les déversoirs établis sur la rive gauche. C'est ainsi que furent réunies dans le collecteur commun, appelé le Ruisseau des Tendières : 1° les eaux épanchées des déversoirs ; 2° celles de Léjard et de la Ville-Nicot ; 3° celles du ruisseau de Maboué. Le collecteur des Tendières, étant borné par la Levée de Ceinture, passe, après avoir coulé vers l'ouest, à angle droit dans la direction du nord , et fait sa jonction dans le canal du Guyoul, en face la pointe des Iles-Houses.

Eh bien, malgré tous ces travaux, les inondations étaient permanentes en amont du moulin de l'Archevêque : et pourquoi ?

Parce que l'assiette du syphon était trop élevée (1), ainsi que celles des ponceaux de la route n° 176 ; parce que, en outre, les berges du grand canal, n'étant formées que de terres provenant d'alluvions légères,

____

(1) Depuis 5 ans, tout au plus, qu'on a abaissé les radiers de ces ponceaux, le dessèchement est radical.

étaient à chaque instant dégradées par les crues d'eau qui, chargées de matières terreuses, obstruaient les ponceaux. Toutefois la levée de ceinture, formée d'alluvions marines, résista beaucoup mieux.

En fin de compte, l'évêque de Dol fit le sacrifice de son moulin, ce qui prépara un abaissement progressif de la superficie submergée ; ce qui lui permit de construire une maison hospitalière qui servit d'alignement à plusieurs belles constructions dont il concéda les emplacements à prendre sur le marais desséché. Pour couronner cette œuvre industrielle et philantropique, il fit construire un pont en pierre là où il n'en existait qu'un en bois à l'aval de son moulin.

En résumé, la dérivation du Guyoul fut une opération industrielle mieux conçue qu'exécutée : plus séduisante que réellement économique.

1° En amont de Dol, six moulins mis en jeu, et jouissant chacun d'un privilége sur la mouture des grains de toute espèce ;

2° En aval, la dérivation des eaux qui, au lieu

de s'épancher dans le Marais noir de la Bruyère, furent conduites directement à la mer, au moyen d'une tranchée ouverte à travers le Bocage;

3° Enfin, creusant un lit au Guyoul dans les alluvions marneuses du sillon de Dol, on se ménagea les matériaux nécessaires à la construction d'une chaussée capable tout à la fois de contenir l'eau de la rivière et de servir de route dans la direction la plus utile au pays. .

La canalisation du Guyoul est tracée de main de maître, le génie s'y révèle dans la plénitude de ses moyens. Que l'application en soit demeurée aux limites d'une ébauche, c'est là tout un chagrin; que les siècles et les hommes modernes n'en aient pas tenté l'achèvement, c'est un regret.

La vallée des Natais, les alentours du Guyoul entre Dol et Carfantin, ainsi que les sinuosités extrêmes du cours de dérivation entre le Haut-Pont et le Vivier, et, enfin l'état de délabrement des berges et du lit de ce cours d'eau, témoignent sévèrement contre les services hydrauliques pratiqués à tous les âges et sur tous les points du pays de Dol.

ROUTE ET DIGUE

DU VIVIER A SAINT—MÉLOIR

Le Guyoul ayant son embouchure portée au Vivier, la route qui lui sert de chaussée étant ouverte jusqu'au rivage, on conçut le projet de prolonger celle-ci à travers les villages des dunes jusqu'aux coteaux de Saint-Méloir.

Cette entreprise devait charmer les esprits, autant parce qu'elle créait des accès directs d'un bourg à un autre, que parce qu'elle préparait la conquête définitive des anses de marées comprises entre le Vivier et Pont-Benoist.

Quant aux Marais blancs, situés entre Pont-Benoist et Saint-Méloir, on n'eut véritablement pas la prétention de les soustraire en entier aux flots des grandes marées; et la preuve, c'est que la route côtière qui les préserve aujourd'hui ne permettait pas aux voyageurs du siècle dernier de passer à cet endroit, excepté durant les mortes-eaux, ou bien à mer basse (1).

(1) Pour communiquer entre Saint-Benoît et Saint-Méloir, on suivait des chemins qui sont loin de la côte actuelle. Ces chemins, disposés en patte d'oie, sont dirigés soit sur Blessin, qui n'est qu'à 2 kilomètres, soit sur la Basse-Roche, qui s'éloigne davantage, soit sur la Ville-Dolée, qui était le point le moins accessible aux vives eaux équinoxiales. Du côté de Saint-Benoît, ces chemins convergent au même lieu.

A chacun selon son temps et selon ses moyens; il n'est pas douteux que dans les premiers siècles de l'exploitation des Marais l'exécution des travaux publics ne reposât sur aucun élément sérieux : hormis toutefois les grands ouvrages d'architecture que le peuple rangeait parmi ses occupations attrayantes.

Certainement qu'à cet âge l'art et la science de l'architecture florissaient, et que les œuvres combinées de l'un et de l'autre revêtaient une splendeur des moins altérables : certes que plusieurs monuments de Dol et des environs rappellent à la mémoire une pléiade d'artistes que l'âge moderne envierait s'il lui était donné de recommencer de pareils travaux.

Mais quel cas faisait-on des projets intéressant la santé publique et les autres formes de bien-être ?

On chercherait en vain, dans tous les Marais, une preuve de sollicitude administrative atteignant ce but; les dessins ne manquent pas : les lignes différemment combinées apparaissent çà et là ; mais rien n'a été achevé, rien n'a été durable.

Qu'on dise cependant à quel usage auraient servi les centaines de moulins privilégiés qu'on remarque dans toutes les vallées et sur tous les coteaux qui avoisinent les Marais, si le Bocage et les Dunes n'avaient pas dû les alimenter de leurs grains aussi abondants que recherchés pour la qualité ?

Non, le temps des entreprises vulgaires, c'est-à-dire des travaux ingrats qu'on appelle *chemin*, — *écoulement*, — *assainissement*, — *répartition d'eau potable, etc., etc.*, n'était pas arrivé. Les monuments de la foi et de la force projetaient au loin l'ombre des colonnes, des tours et des créneaux; le peuple, lui, marchait à pas lents dans la boue, ou tremblait sa fièvre.

Ne faudrait-il, pour confirmer ces assertions, que raconter l'histoire de la route et de la digue qui longent le rivage actuel? N'était-ce pas surfaire l'expression que de qualifier du nom de *digue* ce cordon de terre et de sable qui fut le seul ouvrage qu'on opposa aux grandes marées? Encore moins devrait-on appeler *route* ce sentier bourbeux qu'on livra au peuple pour vaquer à ses affaires (1).

Faute de voies et moyens, les travaux de la prétendue digue furent souvent battus en brèche par la mer; à la Quesmière, et de Pont-Benoist aux Nielles, des amas de sable en arrière de la digue actuelle laissent voir combien de fois les corvéables furent rappelés

---

(1) On ne cheminait jadis sur la route n. 155 que durant le plein de l'eau : on préférait passer par la grève même quand la marée le permettait; il y a mieux, les conducteurs de messageries prenaient, pendant l'été, le chemin du Bas-Marais; du Haut-Pont à la Quesmière par le Planître (ne pas confondre avec le chemin vicinal qui part du même point, mais qui passe par la Ville-ès-Fleurs pour aboutir au bourg de Hirel; celui-ci n'est achevé que depuis 4 ans).

par les châtelains pour recommencer la conquête des domaines afféagés.

Sans trop insister sur l'efficacité des travaux dont le plan, tout remarquable qu'il fût, n'a jamais été exécuté en entier, on finit, à force de réquisitions, par consolider la route côtière et la digue qui ne fait avec elle qu'une seule et même opération.

ENDIGUEMENT

DU VIVIER A SAINTE-ANNE

Dans cette partie orientale des Marais, l'enclôture des anses de marées éprouva un plus long retard (s'il est permis de graduer, par un comparatif, la mesure du temps dont le siècle est l'unité.)

La cause de ce ralentissement tenait à ce que la population était moins dense vers cette contrée, et aussi au caractère des habitants qui étaient fort peu disposés à l'obéissance seigneuriale. (1)

(I) Presque tous pêcheurs, les habitants de Cherrueix parcouraient de jour et de nuit des grèves plus ou moins mouvantes; ils n'avaient pour asile que des cabanes bâties sur le sable et affleurées par la mer.

Familiarisés au danger, ils en prenaient leur parti avec une gaîté de cœur qu'on ne rencontrait pas toujours au sein même de la sécurité et de l'opulence. Aussi, étrangers à d'autres travaux que la fabrication et l'usage des engins de pêche, on ne les en détournait pas aisément; leur franc-parler, passé en proverbe, tranchait sur les aveux d'hommages, d'obéissance et de soumissions, si usités dans ce temps.

S'il n'y avait eu que les sujets attachés à la culture du sol pour amasser la terre et le sable nécessaires à combler les lacunes par lesquelles la mer continuait d'envahir le domaine noble, la tâche serait restée au-dessus de leurs forces : il importait qu'on décidât les pêcheurs à leur venir en aide.

Assujettis déjà aux arrentements pour les pêcheries qu'ils avaient organisées sur des grèves immenses (qu'on croirait vraiment n'appartenir qu'à Dieu), les pêcheurs furent, en outre, requis à la corvée des endiguements : mais il faut convenir qu'après y avoir été forcés, ils mirent si peu d'entrain à la besogne que les châtelains renoncèrent à poursuivre leur entreprise au-delà de Sainte-Anne.

Qu'on ne s'étonne donc pas que les Marais blancs de Saint-Georges, de Roz-sur-Couësnon, de Saint-Marcan et de Saint-Broladre soient restés si longtemps exposés aux ravages des marées : quelques entassements de sable et de vase d'une durée éphémère, ne pouvaient suffire à les préserver. De là à l'explication des rapports sinistres qui ont été rédigés sur la dévastation de la mer dans ces parages, tout va de soi.

Sans équation de tâche ni d'impôt, sans aucune bonne volonté, les travailleurs finirent tout de même par barrer les brèches que la mer entretenait entre Sainte-Anne et les Nielles ; mais de ce fait il advint que les eaux pluviales de la partie nord du Bocage, privées d'issues directes par les grèves, refluèrent toutes sur les Marais noirs. En amassant la terre et le sable pour former ce que l'on appelait la digue, on avait craint de laisser le moindre orifice pour les écoulements d'eau douce; on ne se sentait pas de force d'entretenir sans péril, pour ces simples ouvrages, des passages contre lesquels la mer eût flotté et par lesquels l'eau se fût écoulée lors du jusant. On verra qu'à une époque relativement moderne des travaux de ce genre ont été tentés, puis trop tôt condamnés.

———— o ————

DÉRIVATION

DES BIEFS JEAN ET MENEUC A TRAVERS

LA GRANDE — ROSIÈRE

Le système de dérivation employé pour le Guyoul fut généralisé à l'égard des autres cours d'eau descendant du Terrain : lesquels s'étaient épanchés jusqu'alors dans les Marais noirs.

Les biefs Jean et Meneuc furent encaissés dans un lit de dérivation jusqu'à leur jonction à l'Ille-Mer, près la pointe sud du Bocage de Saint-Guinoux : de là un lit unique et spacieux leur fut creusé en plein dans les alluvions marneuses de La Fresnaye; le débouché à la mer leur fut ouvert entre Ville-de-la-Marine et Saint-Benoît-des-Ondes.

Comme dans la traverse de l'Ille-Mer les eaux de dérivation auraient eu de la tendance à s'épancher vers l'est, on leur opposa un travail très-remarquable que l'on nomme la *Levée-des-Perches*.

Ce qui distingue cet ouvrage c'est d'avoir été protégé par un perré dans toute la longueur où la terre, à pied d'œuvre, est tourbeuse (1,600 mètres environ). A l'entrée du Bocage, le perré n'existe plus; les talus, et la chaussée du côté droit, étant formés dans les alluvions compactes, sont moins exposés à être dégradés par les crues d'eau.

On ne s'explique pas facilement que ce travail de maçonnerie n'ait pas reçu d'autres applications dans les Marais, quand il s'agissait, entr'autres, d'élever des chaussées en terre plus ou moins tourbeuse ; il n'eût pas déparé, tant s'en faut, les levées du Guyoul, depuis La Vieux-Ville à Chanteloup, ou au moins les passages les plus faibles.

La dérivation des biefs Jean et Meneuc étant effectuée, la Grande-Rosière et la Mare Saint-Coulman auraient profité des travaux s'il ne s'était trouvé une maison assez puissante pour bâtir un moulin à l'embouchure de ces biefs.

Dans cette fatale situation, quelque efficace qu'eût été le système d'écoulement exécuté en amont, on n'en retira aucun avantage du moment que le barrage du moulin fut établi en aval.

DÉRIVATION

DU BIEF DE CARDEQUIN

La Bruyère, soulagée des eaux du Guyoul, n'avait plus à supporter que le bief de Cardequin; les autres affluents, tel que le ruisseau de la Basse-Haie, sont de trop peu d'importance pour être comptés au nombre des causes qui perpétuaient la submersion de ce bassin (1).

Alors que la dérivation des grands cours d'eau

(1) Si, à la suite de la dérivation du bief de Cardequin, la Bruyère est restée en état de submersion, il faut avouer que la puissance de l'art hydraulique est bien caduque : Comment! ce bassin, ne recevant plus que des filets d'eau, on ne réussit pas à l'en débarrasser ? A la vérité, l'eau pluviale du Bocage de Hirel et d'une partie des communes de Mont-Dol et de La Fresnaye, prend la contre-marche sur le Marais noir : mais que ne la coupe-t-on de manière à la guider directement sur les grands cours d'eau, aux approches du rivage; bien des canaux sont ouverts dans ce sens, pourquoi ne leur fait-on pas remplir le but pour lequel ils ont été tracés?

avait réussi, il était facile de réussir pour Cardequin :
dès son entrée dans les Marais noirs la ligne de canalisation de ce dernier bief fut dirigée vers le Bocage
de Chanteloup; sur la première longueur (1 kilomètre environ), la matière terreuse provenant du
creusement du lit fut répartie également entre les
deux rives, et de telle sorte que les deux levées di-
rectrices de l'eau servirent en même temps de chemins
latéraux. Sur la seconde longueur (2 kilomètres), le
canal, étant creusé sur la limite du Bocage et des Marais noirs, ne nécessita, à cause de la pente du sol,
qu'une seule levée; mais celle-ci, bien qu'ayant
absorbé toute la matière provenant du creusement,
n'offrit pas encore une résistance suffisante à la dérivation de l'eau qu'elle était destinée à contenir.

La canalisation du bief de Cardequin est divisée en
deux branches, à partir du Bocage du Fédeuil : l'une
se dirige à angle droit vers le nord, traverse et sépare
les communes de Mont-Dol et de Hirel; aboutit non
loin du Vivier dans le Guyoul par un pont à soupapes;
l'autre se continue en longeant le Bocage de La Fresnaye et aboutit dans le bief Brillant dont il sera parlé
plus tard; cette seconde partie a pris le nom de Bief
de Ceinture à cause du tracé curviligne qu'on lui a
fait suivre.

La dérivation de Cardequin laisse beaucoup à désirer à cause des détours auxquels on l'a soumise.

EFFETS DES DÉRIVATIONS

ET MAIN-D'ŒUVRE

On a vu que ces opérations portaient sur quatre grands cours d'eau : 1° le Guyoul; 2° les biefs Jean et Meneuc (collectivement); 3° le bief de Cardequin; il est dit qu'elles nécessitaient la construction de chaussées et de levées pour empêcher les eaux de se déverser plus longtemps dans les Marais noirs et d'y rester stagnantes : on sait, de plus, qu'elles comportaient la création de lits à travers le Bocage jusqu'à la mer, où l'écoulement devait être protégé contre les marées montantes.

Eh bien ! la longueur de cette canalisation a porté, savoir:

	mètres
Le Guyoul à 8,100 mètres pour le Marais. — 7,400 mètres pour le Terrain	15,500
Le bief Jean......................	11,568
Le Meneuc......................	2,736
Cardequin......................	6,900
Bief de Ceinture...................	4,104
Total général...........	40,808

Grâce à ce dégagement des eaux du Terrain, les Marais noirs furent soulagés d'excessives inondations; mais, avant d'entreprendre des travaux aussi importants que ceux dont l'énumération précède, il avait certainement fallu y intéresser les autorités de tout ordre.

Si, d'une part, les maisons noblès de la côte avaient été dotées de fiefs plus ou moins étendus dans les Marais; si, d'autre part, elles possédaient toutes au Terrain des étangs et des moulins, il était légitime, en même temps qu'intéressant pour elles, de contribuer à débarrasser le bas-pays des eaux mises en réserve pour leurs industries.

Qu'on ne s'étonne donc pas si dans ces circonstances on mit à l'œuvre tous les contingents du pays; habitants du Terrain, habitants des Marais, toutes forces réunies, on remua tant de matières que les dérivations projetées aboutirent au rivage.

La rectitude et la solidité des travaux ne répondirent pas exactement à l'efficacité ni à la durée qu'on en attendait; mais tout le monde doit s'applaudir des vigoureux efforts qui furent tentés en ces occasions; aujourd'hui même les Marais noirs ne seraient que des lacs perpétuels si le système de cette ancienne dérivation ne fonctionnait encore vaille que vaille.

Dans les temps guerriers, les étangs contribuaient à la fortification des châteaux qui assuraient le refuge

aux femmes, aux enfants et aux vieillards du pays
assiégé, ainsi qu'aux biens meubles leur appartenant,
et pendant tout le temps que les hommes adultes se
défendaient contre l'ennemi commun. L'intérêt de la
défense dont le pays profitait, lors de ces trop doulou-
reuses et fréquentes aventures, compensait les dommages causés par les débordements des eaux à la
jouissance des basses terres.

L'âge, pour ne pas dire la raison, ayant mis un terme
aux sanglantes disputes, la plupart des châteaux-forts
devinrent sans utilité publique; les étangs ne servant
plus qu'à faire tourner des moulins et à nourrir des
poissons durent rentrer dans la règle du bon sens, qui
veut que ceux qui retirent des avantages privés d'une
industrie quelconque s'y prennent de manière à ne
causer aucun préjudice à autrui.

C'est à des dispositions conciliantes motivées d'après
ce qui précède, qu'on doit rattacher les grands travaux de dérivation du Guyoul, des biefs Jean et Meneuc, de Cardequin et des affluents des vallées des
Natais, des Aulnayes, des Rosières et de Hal-House, etc.

Toutefois l'entente ne fut pas toujours cordiale,
paraît-il, entre les plus puissants seigneurs; car, quelle
que soit l'authenticité des récits transmis par le peuple,
au sujet des désastres qui eurent pour cause l'irrup-
tion des étangs, on ne peut croire qu'ils fussent entièrement fabuleux.

AUTRES TRAVAUX

DE DESSÈCHEMENT DES MARAIS NOIRS

Lorsque les Marais noirs furent déchargés des grands cours d'eau du Terrain, il restait à les débarrasser des ruisseaux provenant des collines, ainsi que des eaux pluviales du Bocage et même des Dunes, auxquelles on avait opposé un barrage, lors de l'endiguage des anses de marées. Que, par le fait, la superficie habituellement submergée fût réduite à un tiers moins d'étendue (1), c'est possible; mais il restait encore au fond des bassins des centaines d'hectares où le dessèchement ne s'opérait qu'à la faveur des saisons exceptionnellement sèches.

A ce mal, l'autorité ecclésiastique était la plus intéressée à apporter un remède; car, outre qu'elle possédait, en plus grande partie, ces bas-fonds, elle devait avoir, plus que quiconque, un œil attentif sur

---

(1) Pour apprécier la superficie des marais desséchés par les grands canaux de dérivation, il suffit d'examiner la zone des terres grises qui existent au pourtour des grands bassins; on y voit un sol terraqué d'abord par la mer, ensuite par l'eau douce, lequel a contracté une couleur qui tranche sur les alluvions marines pures, et sur les alluvions particulières à l'eau douce; on remarque que la transition de couleur s'opère aux mêmes endroits que la transition de niveau.

ses généreux desservants des paroisses des Marais, et sur le sort d'un peuple qui lui rendait d'abondantes richesses matérielles en échange des soucis religieux dont elle l'entourait.

Elle eut sans doute fait davantage si elle n'avait eu sans cesse sur les bras d'immenses entreprises architecturales; mais pouvait-elle sacrifier son temps et ses ressources à des opérations de dessèchements absolus? Pourtant elle fit ouvrir plusieurs canaux et canalicules, ayant leurs origines au bord des bassins et leurs débouchés dans les grands lits de dérivation plus ou moins près des estuaires. Il est à regretter que ces trop modestes travaux n'eussent pas reçu, dès cette époque, une application corrélative à l'idée ingénieuse qui avait dicté la dérivation des grands cours d'eau (1).

Si l'usage d'assigner des noms propres aux projets d'utilité publique doit se généraliser, tant mieux; car les personnes auxquelles on en confiera le soin y rattacheront leur mémoire : s'il en avait été ainsi à l'égard des entreprises considérables qui ont eu lieu depuis la mise en exploitation des Marais, on n'aurait pas à regretter toutes les mésaventures, qui ne doivent être attribuées qu'au mode d'exécution, et auxquelles les indigènes ont donné des noms par trop significatifs.

---

(1) On verra à la sixième Observation en quoi consistait cette savante idée.

Que comporte, en effet, cette dénomination : *Essay* (1) ? Si non que, dans les canaux auxquels elle s'applique, on suppose que la marche et le débit de l'eau sont incertains.

Quel fut donc le critique de bonne humeur qui s'avisa le premier d'appeler *Gouttes* (2) ces ruines de maçonneries dont on compterait une centaine en travers des chemins? Livrent-elles passage à l'eau dans une direction déterminée, ou bien ne la livrent-elles pas à contre-sens ?

Essays et *Gouttes* sont deux termes qui corroborent le jugement sévère porté par le public contre ceux qui, ne connaissant pas le but de ces ouvrages, les ont d'abord mal exécutés, ce qui a fait qu'on les a laissés ensuite péricliter.

Il fut une autre entreprise conçue par les grands feudataires pour dénoyer des parages dont la fertilité en froment était proverbiale; ce fut la *Banche*, appelée Principale, ou Vieille-Banche.

---

(1) Le nom d'Essay est conservé dans les règlements et autres archives des Marais pour qualifier divers canaux dont le but est resté douteux, ainsi que l'entretien qui en est fait.

(2) Le nom de Gouttes est consacré dans les écrits administratifs; mais les ouvrages qu'il rappelle à la mémoire sont tellement ruinés qu'on a de a peine à les reconnaître; à moins qu'on ne ressente le danger d'y enfoncer en fréquentant les chemins. Pour éviter de les entretenir plus longtemps, on en a obstrué plusieurs.

Ce canal part du Pont-Rouge, où il fait suite à l'Essay des Planches, traverse la partie est du Bocage de Mont-Dol, tourne à angle droit vers l'ouest, sépare la commune de Cherrueix de celle de Mont-Dol, et enfin aboutit à la mer par le pont appelé le *Bec-à-l'Ane* (1).

La longueur de la Vieille-Banche est de 9,788 mètres : ce canal ne reçoit pas moins de vingt affluents de différents calibres, et, entr'autres, des bas de Baguer-Pican et de Saint-Broladre, ainsi que de la partie nord-est de Mont-Dol et de toute la commune de Cherrueix, moins les Marais blancs de Saint-Broladre (2).

Sur la Vieille-Banche il existe un pont nommé *Pont-don-Raoul*, auquel les destinées les plus diverses étaient réservées (3). Primitivement il livrait passage aux

---

(1) Encore un nom sur lequel on peut deviser : il signifie sans doute que le pont qui le porte laissait passer plus de vent que d'eau. Ce qui le prouverait, c'est que le radier en a été abaissé au moins une fois depuis qu'il a été construit.

Il est à remarquer que si les habitants des Marais n'ont pas été les plus consultés sur les projets de travaux, dont ils ont payé les frais, ou qu'ils ont exécutés de leurs mains, ils n'ont pas manqué de les baptiser de noms de leur goût. Justes appréciateurs, s'ils ont nommé *Pont-Naturel* un ouvrage exécuté d'après les règles du bon sens, ils ont nommé *Pont-Mal-Fait* un autre qui n'est pas dans ces conditions.

(2) Qu'on ne perde pas de vue qu'à l'époque dont il est parlé l'eau des Marais blancs suivait le flot des marées qui pénétraient au-delà de Sainte-Anne.

(3) Le Pont-don-Raoul fait communiquer le chemin de Baguer-Pican à Mont-Dol.

eaux de la partie orientale, quand elles étaient en excès, c'est-à-dire quand elles ne débouchaient pas assez
vite au pont du Bec-à-l'Ane; ensuite, il les laissait re-
venir sur elles-mêmes quand la partie orientale était
déblayée. On tempéra plus tard cet abus en garnissant
le pont de portes mobiles qu'on fermait lorsque les
eaux tendaient à descendre vers Dol, et qu'on ouvrait
quand le niveau de l'eau devenait inférieur du côté du
Bec-à-l'Ane. En fin de compte, on a fermé complé-
tement le Pont-don-Raoul, après l'avoir suppléé,
dans ces derniers temps, par la canalisation du bief des
Planches dont il sera parlé plus loin.

CHANGEMENT DE RÉGIME

Le pays de Dol accuse de nombreuses révolutions : au sommet (le Terrain), la nature s'est montrée splendide ; à la base (les Marais), elle s'est surpassée en fertilité.

Pour être équitable dans le jugement que mérite ce pays, il ne faut pas en séparer les ouvrages exceptionnels qu'on ne doit qu'à la persévérance, pour ne pas dire à l'opiniâtreté, du peuple.

Que de générations ont été ensevelies sous le poids des siècles avant que les survivants consentissent à agir différemment de leurs aïeux. Quand la force, l'adresse ou les faveurs faisaient vaciller la fortune d'une maison à une autre, le plus heureux, à qui incombait le gros lot, s'élevait davantage en noblesse, et voilà tout.

Autre temps.

Les révolutions, ayant cessé sur le continent de la Manche, ou plutôt, ayant obéi à un rhytme régulier et prévu, ne causèrent plus d'effroi.

Au tour des hommes : quand Dieu n'agite plus la matière, il agite les esprits.

Dans un temps que le vieux monde était fondé à croire que l'ordre social, établi sur les traditions séculaires, ne pouvait plus être troublé, on vit surgir, du centre des populations, des masses de citoyens qui prétendirent se ranger pêle-mêle sur le sol national, et sous l'unique force du droit commun ; ils décrétèrent la liberté, l'égalité et la fraternité. Mais toute éloquente que fût cette devise française, elle n'entra pas dans les mœurs avec la même rapidité que le décret qui en promulguait l'exercice ; n'ayant pour la servir ni la vapeur, ni la poste économique, ni l'électricité, l'idée nouvelle ne pénétra pas également tous les coins et les recoins du pays.

Au mot d'ordre de Liberté qui résonna

d'une vallée à l'autre et fit écho dans les Marais, les autorités répondirent par celui d'anarchie.

Quand le mot Égalité fut proféré, oh ! alors, les classes privilégiées abandonnèrent la patrie; elles s'en allèrent même chercher, auprès des autres nations, un appui à leurs droits méconnus.

Puis le dernier mot du peuple, le mot divin de Fraternité, apaisa tous les esprits.

Aux accents de ce cantique, chaque émigré rallia le foyer de ses pères, reprit possession de ses biens, et ne dédaigna pas de participer aux affaires publiques, soit à titre d'homme d'État, soit en qualité d'administrateur départemental ou communal, soit mêlé dans les rangs des armées de terre et de mer, enfin à toutes les gloires de la patrie.

Quant au domaine ecclésiastique, relevant d'un corps moral, et, comme tel, distrait de la spéculation active, il fut converti en domaine privé. Alors l'État, prenant la place du titulaire innommé, transporta, après enchères à des acquéreurs nominatifs, les immeubles du clergé.

Tous les gouvernements se sont attachés depuis cette révolution à donner au culte catholique une splendeur que ne ternissent plus les soucis d'une gestion médiate ou immédiate des terres; aussi les prêtres sont-ils aujourd'hui pour le moins aussi honorés et aussi instruits qu'autrefois.

Que si les révolutions du globe se révèlent sous des formes assez sublimes pour forcer au silence ceux qui tenteraient d'en abaisser la majesté, il n'en est pas souvent ainsi des révolutions humaines; ces dernières enthousiasment en sens inverses ceux qui en sont les promoteurs et ceux qui en sont les victimes; de plus, les simples témoins n'y sont pas toujours indifférents.

Cette vérité est notamment flagrante dans le pays de Dol; bien que les dépositaires de l'autorité y entretînssent des établissements spécialement adonnés à l'histoire, ceux-ci n'ont rien laissé de bien précis sur les désastres dont la mer accabla leurs domaines : tout au contraire, l'histoire contemporaine éclaire et ravive chaque jour bien des petits détails des tourmentes nationales.

Il ne faudrait pas inférer de là que le créateur et le modificateur de la matière est autrement adorable que le créateur et le modificateur des idées humaines : les jours de la création se suivent, la lumière est au commencement, et l'homme n'est qu'à la fin.

Le silence des contemporains du cataclysme éprouvé sur les rives de la Manche n'a eu d'autres résultats que, au lieu d'une exposition écrite *de visu*, on est réduit à fouiller les archives du diluvium des Marais, et à prendre garde de se laisser éblouir devant les miroirs de la vérité et de s'égarer dans l'obscurité des eaux noircies par une tourbe forestière, ou troublées par des alluvions terreuses.

Il est surprenant que les chroniqueurs qui ont jeté un jour si lumineux sur les hommes illustres de tous les âges et de tous les partis ne se soient pas sentis émus en présence de l'imposante invasion de la mer sur des rivages où régnaient, en union intime, et sous le même sceptre, la foi la plus ardente et la force la plus indomptable.

Eh non ! Ce n'était pas en vertu de cette loi d'attachement égoïste à des principes humains qui font que ceux qui les ont conçus supportent difficilement l'application des principes opposés aux leurs : c'était de la consternation de la part des savants attachés par devoir à la publication des faits historiques; c'était, il est vrai, faillir à la tradition des devanciers de plus de trente siècles, grâce auxquels on connaît en détail les causes, les épisodes et la terminaison du déluge universel.

Toute révolution, de quelque part qu'elle vienne : de Dieu ou des hommes, mérite une mention au moins égale; qu'elle touche au monde céleste ou terrestre; à telle ou telle constitution, elle profite de part ou d'autre.

Pourquoi craindre ? la Providence n'arrache pas souvent des lambeaux de terre aux hommes qui savent les cultiver, ni des couronnes à la tête des princes que les peuples ont élus. Que ne craindrait-on plutôt de porter les sociétés à la croyance d'un dieu qui n'eût d'autres attributs que des mains remplies de titres et d'or.

Quelque indifférents, affligés, ou consternés que l'on fût devant la mer terrassant la forêt de Scissy, et régnant sur les plaines les plus fertiles des rivages de la Manche; quelque ardents que l'on soit toujours contre la plus légère révolution sociale, puisqu'on s'est efforcé de dévoiler ici la première, qu'on permette de rappeler qu'au temps de la seconde le pays des Marais fut le théâtre d'un épisode, qu'il ne siérait pas de laisser tomber dans l'oubli, attendu qu'il présente un modèle des plus instructifs.

« Au plus fort de la tourmente, les roseaux

» des Marais noirs servirent de cachette à un
» prêtre qui, au risque et péril de sa vie, con-
» tinua de baptiser les enfants et de porter
» aux malades les secours de la religion; faut-
» il avoir à déplorer que, à l'ombre de ces
» saintes œuvres, des partisans, soi-disant
» défenseurs de la bonne cause, commirent
» des déprédations nocturnes.

» En présence des évènements qui mar-
» quèrent la fin du siècle dernier, les pas-
» teurs de la paroisse de Mont-Dol suivirent
» deux voies différentes ; le recteur, ayant
» prêté serment à la constitution nouvelle,
» mourut victime et martyr de sa sincérité.
» Son vicaire, fidèle à la discipline, se retirait
» pendant le jour au milieu des roseaux d'où
» il ne sortait que pour exercer son minis-
» tère; pendant ce même temps, les autres
» prêtres qui avaient traversé la Manche pour
» se concerter chez les protestants de la
» Grande-Bretagne, rendirent-ils les mêmes
» services ? Lorsque la tourmente fut calmée,
» le vicaire de Mont-Dol prit possession du

» presbytère; nommé bientôt recteur de cette
» paroisse, il y donna tant de preuves de
» charité que les enfants du pays se les rap-
» pellent encore avec attendrissement. »

Eh! à travers les agitations humaines le
droit moderne faisait son chemin : la pacifi-
cation pénétrait dans tous les rangs ; la res-
tauration momentanée de diverses nuances
de gouvernements tempérait le chagrin des
derniers déchus.

A cette heure, les révolutions ont leurs
rhythmes aussi bien réglés que ceux de la mer
sur le continent de la Manche; si de part et
d'autre surgissent quelques tempêtes, les
écueils sont connus, le vaisseau de la France,
manœuvré par des hommes libres, égaux et
frères, est hors des grands périls.

La propriété territoriale, étant dégagée
des entraves de la corvée, des dîmes, des
rentes en froment, poules, œufs. etc., etc.,
qui en comprimaient l'essor, ainsi que des
aveux, hommages, obéissances qui l'éri-
geaient à la hauteur d'un culte, est passée à

un régime proportionné à l'ordre matériel dont elle est la base.

Accessible à tous les hommes indistinctement, garanti par la loi et par la force réunies à quiconque le possède en conformité de justice, le sol est consacré au libre exercice de tous ceux qui l'exploitent par eux-mêmes, ainsi que de ceux qui en transportent la jouissance sous les formes multiples du revenu.

Aujourd'hui l'homme et son domaine privé, quelle qu'en soit la valeur ou l'étendue, forment des foyers autour desquels gravitent tous les enfants, ou tous les parents au même degré successible.

Voilà le nouveau régime : reste à voir maintenant de quelle importance il a été jusqu'ici dans l'exploitation des Marais.

EXPLOITATION DES MARAIS

SOUS LE NOUVEAU RÉGIME

Durant la première phase de la révolution sociale, l'exploitation des Marais fut sacrifiée à l'affermissement du droit de propriété, et à l'affranchissement des priviléges; en attendant la liquidation d'un régime qui avait enlacé de toutes parts et les hommes et la terre, les marées eurent beau jeu, et les inondations par l'eau douce n'eurent plus de fin.

En face d'une si fâcheuse situation, les habitants les plus intéressés au nouveau régime s'assemblèrent pour aviser aux moyens de parer à de nouveaux dommages, et dans le but aussi d'atténuer ceux que l'on déplorait alors. A cet effet, ils créèrent un pouvoir spécial, émané de l'élection de tous les propriétaires (grands et petits) d'immeubles aux Marais.

Les mandataires fondèrent, en collaboration, sous le nom de *Syndicat des Digues et Marais de Dol*, une association dont l'existence n'a pas été interrompue depuis.

Elle a pour but de prévenir le débordement des marées et les inondations que causent les eaux douces; de plus, elle a pris en main la police des chemins ru-

raux, et l'exécution des règles de salubrité publique,
en ce qui concerne notamment le croupissement des
eaux, et l'emplacement des routoirs.

L'assemblée générale du Syndicat, dont les délé-
gués sont élus pour trois ans, se réunit chaque année
à Dol (1). Le nombre des mandataires qui la composent est réparti (pas assez exactement) d'après la
somme de l'impôt supporté par chaque commune où
le droit d'élection est établi.

Les budgets en recettes et en dépenses ordinaires et
extraordinaires, les projets, les réclamations sont
préparés par un conseil administratif, aidé d'agents
spéciaux détachés des services hydrauliques et de
ceux de la comptabilité.

L'assemblée générale, après avoir entendu les rapports du conseil, vote les budgets; approuve, modifie
ou rejette les diverses propositions qui lui sont défé-
rées soit par le conseil, soit de la part d'autres personnes qui en prennent l'initiative.

L'assemblée générale compose à l'élection le conseil
administratif, et elle statue sur les articles du règle-
ment.

---

(1) Cette assemblée générale a tenu, pendant quelques années, ses
séances à Saint-Malo; uniquement sans doute pour complaire à une majorité qui ne voulait pas se donner la peine de traverser les mauvais chemins des Marais pour se rendre à Dol, bien que cette dernière ville soit le
point central des opérations du Syndicat, et que la première soit séparée
des Marais par un promontoire de 12 kilomètres.

Toutes les opérations du Syndicat doivent être soumises à l'homologation de l'autorité supérieure du département.

Le budget des Digues et Marais est composé de cotes recouvrables sur tous les propriétaires d'immeubles aux Marais, par les percepteurs, avec remises, et sans déduction des impôts directs ou indirects, ordinaires ou extraordinaires revenant à l'État, au département ou à la commune.

Pendant une série de siècles les Marais de Dol furent administrés conformément aux principes exposés ci-devant : depuis soixante-dix ans la transmission de la propriété s'y effectue d'après les lois générales appliquées par le fisc en matière de mutations de toutes sortes; la gestion ancienne étant connue, reste à examiner la moderne sous le point de vue exceptionnel du *Syndicat*.

Le rapprochement des âges ne comporte pas la mesure exacte des facultés de chacun : toutes les époques ont leurs illustrations. On s'ingéniait autrefois à trouver la forme des édifices et des décors splendides où l'autorité pût abriter son prestige et sa gloire. Aujourd'hui les pouvoirs publics étendent leur sollicitude jusqu'à la chaumière, mais, d'une élasticité inégale, et comme si les Marais dussent leur faire échec, ils n'y poursuivent qu'imperceptiblement l'œuvre active qui les caractérise partout ailleurs.

ENDIGUEMENT

DES MARAIS BLANCS

Quand l'association syndicale se sentit assez forte pour fonctionner, son premier projet fut d'intercepter toute communication de la mer avec les Marais blancs; la tâche ne fut pas également facile.

Depuis les Nielles à Château-Richeux (1,500 mètres de l'extrémité occidentale du rivage), l'endiguement fut bientôt achevé; la nature plastique des dépôts de mer; la proximité des carrières de pierre et une route, tout imparfaite qu'elle fût, facilitèrent l'exécution du projet.

Tout au contraire, à Sainte-Anne, à Paluel, aux Quatre-Salines, à la Croix-Morel, au Pas-au-Bœuf, la tâche dut paraître insurmontable : 8 kilomètres de digue à fonder sur des sables que les marées et le Couësnon venaient miner à chaque instant; — quatre kilomètres au moins pour apporter la pierre à pied-d'œuvre; — des chemins impraticables; — complications infinies du côté des saisons; — détérioration journalière du matériel roulant : — en fallait-il davantage pour qu'on y eût renoncé de siècles en siècles.

Quoi qu'il en fût, le but était par trop engageant pour

ne pas le poursuivre sous la nouvelle forme d'autorité; il s'agissait de 12 à 1,500 hectares de Marais blancs à soustraire à l'action des marées !

Ce n'était pas une conquête au profit général du Syndicat, c'était une œuvre généreuse, profitable à des particuliers qui jusqu'alors n'avaient eu qu'une jouissance incertaine de leur territoire (1). On passerait pour des ingrats si l'on dédaignait de jeter un coup d'œil sur l'endiguement construit entre Sainte-Anne et le Pas-au-Bœuf, si l'on ne pénétrait, de rechef, l'esprit d'association qui présida à l'accomplissement de cet ouvrage.

Qui donc a plus de droits à la reconnaissance et à l'admiration des propriétaires des Marais blancs de Saint-Broladre, de Saint-Marcan, de Roz-sur-Couësnon et de Saint-Georges, que les laboureurs qui transportèrent les matériaux nécessaires à la construction de la digue protectrice de ce sol jusqu'alors ravagé par la mer ?

Que seraient, sans ces vieux pères, les vastes grèves concédées par l'État et endiguées par une société particulière, bien en avant de la digue construite

---

(I) L'histoire du Syndicat rapporte les péripéties dont cet ouvrage fut parsemé : une fois c'était une commune qui n'obtempérait pas aux réquisitions; une autre fois c'était toute la partie occidentale des Marais; dans tous les cas, la résistance ne venait que des communes du Terrain qui possèdent des portions de marais inhabités.

sous l'impulsion du Syndicat des Digues et Marais de Dol ? Si non que les alluvions, sur lesquelles on récolte depuis 20 ans les plus belles moissons du pays, auraient été reportées sur les Marais blancs, et qu'alors l'exhaussement eût eu lieu ici et non là.

Quoi de plus juste, que de rendre hommage à la mémoire des paysans des Marais de Dol qui mirent au service de leur pays leurs forces et leur santé pour édifier une digue qui rendît du premier coup plusieurs centaines d'hectares à la culture paisible de leurs concitoyens. Il n'est sans doute pas superflu de rappeler que, sans leur travail opiniâtre, l'État et les particuliers, qui profitent aujourd'hui des *Polders* de la baie du Mont-Saint-Michel , n'y verraient encore qu'une grève battue par les marées.

A voir la digue de Sainte-Anne, et la chapelle de ce nom bâtie et rebâtie tant de fois à l'extrémité occidentale; à voir la rive du Couësnon (1) et les mornes de l'extrémité orientale; à voir les pierres entassées, les blocs épars, et tous les autres signes des travaux

---

(1) On parle de détourner le Couësnon pour le rapprocher de la rive Normande ; de cette manière la digue formée par le Syndicat sur la rive Bretonne ne serait plus aussi souvent battue en brèche par cette rivière comme dans les temps passés. Dans les premiers temps du Syndicat, on insistait sans cesse pour obtenir ce détournement; c'est mieux, on sollicitait, à cet effet, les secours de l'État. Aujourd'hui, on semble désirer qu'il ne s'éloigne pas du pied des digues bretonnes; on n'est pas tous d'accord à à ce sujet : peut-être que, pour des services illusoires, on ne s'arrêtera pas en si bon chemin.

intercalaires, l'orgueil saisit les fils des travailleurs, dont le concours assura le succès d'une telle entreprise.

Quelle histoire que celle de la construction de cette digue et de l'époque à laquelle elle fut commencée ! Qui n'en a entendu quelques fragments de ce genre ?

« Nous vivions, dit le conteur, dans un
» temps de réquisitions : un jour on fit chez
» nous une levée d'hommes, de chevaux et
» de charrettes pour transporter en Nor-
» mandie une armée de Vendéens.

» Un peu plus tard, ce fut le tour d'une
» armée qui nous était venue du Nord de
» l'Europe.

» Comme toutes les deux avaient été ame-
» nées de loin pour nous faire accepter des
» idées contraires aux nôtres, elles nous
» jouèrent de mauvais tours; mais pas tou-
» tefois sans recevoir une riposte de notre
» façon.

» Une autre fois les agents de l'association
» syndicale nous requirent d'aller travailler
» à la digue.

» Arrivés sur les carrières nous chargions

» les plus gros blocs de pierre que nous trou-
» vions extraits; nous les transportions soit
» à Sainte-Anne, soit à Paluel à travers
» mares et bouillons.

» Réunis au nombre de cinq à six cents
» hommes et autant de chevaux, nous ne ren-
» trions chez nous que pour le dimanche;
» nous passions presque toutes les nuits à la
» belle étoile.

» Eh bien ! personne d'entre nous ne
» s'affligeait, au contraire ; il nous semblait
» plus facile de vaincre la mer que d'abâ-
» tardir les idées des Vendéens et des gens
» du Nord .»

Tant de pierres amoncelées, tant de terre et tant
de sables foulés par les hommes, barrèrent effectivement les derniers passages à la mer. Mais que les
hommes attentifs n'en aient pas retiré d'utiles leçons
pour les projets futurs, là tout n'est pas pour le mieux.

Est-il, dans les Marais, un plan complet et exécuté
avec économie ? (1)

Dans un temps, la dérivation du Guyoul, et la

____

(1) Ceci ne s'adresse ni aux édifices publics ni privés; pas plus qu'au
chemin de fer qui traverse onze kilomètres de marais et dont la construction ne remonte qu'à trois ans.

construction d'une route latérale jusqu'au Vivier, d'une part ; la construction d'une route-digue du Vivier à Saint-Méloir, d'autre part, firent partie d'un projet conçu avec un art excellent; mais telles étaient les conditions de travail que ce plan, réellement admirable, ne fut jamais accompli.

Tout le contraire s'est passé à la digue de Sainte-Anne : les hommes y ont exécuté un travail d'hercule; l'art de disposer avec ordre et de transporter avec économie les matériaux, y est resté au-dessous des conceptions les plus communes.

Que les travailleurs, placés dans de bonnes dispositions d'esprit, suppléent l'homme d'art, il n'en est pas moins vrai qu'ils se confondent en de regrettables efforts s'ils ne sont pas secondés par lui.

Lorsque la digue de Saint-Benoît eût arrêté définitivement les marées, les eaux douces de la Coudre, du Pas-de-Pierre, de Vautourande, furent arrêtées dans leur écoulement direct : faute de leur avoir ménagé une issue à travers la digue, il fallut leur ouvrir des débouchés sur le bief Jean.

A la vérité, il ne s'en suivit pas un bien grand dérangement, car le volume d'eau fourni par ces ruisseaux n'est pas considérable et le parcours à donner aux nouveaux canaux n'excédait que de deux ou trois kilomètres celui des anciens.

A la digue de Sainte-Anne, bien d'autres complications se sont déroulées depuis la construction de cet ouvrage : les quatre ouvertures (1) qu'on y avait ménagées d'abord furent fermées dans la suite, dans la crainte, dit-on, que sous l'action du flux de la mer d'un côté, et de la dérivation des eaux douces de l'autre, la ruine de ces méats devînt prochaine et, par suite, la ruine des travaux avoisinants.

La conséquence de cette décision a été aggravée du fait que le gouvernement a concédé les grèves situées au-delà de la digue, et qu'elles ont été endiguées depuis la concession : si le Syndicat projetait de rouvrir les ponts, ponceaux ou gouttes, il ne manquerait pas de trouver, de la part des concessionnaires, une opposition basée sur ce que la servitude d'écoulement et l'emprise du sol, qui serait nécessaire à la canalisation, n'ont fait l'objet d'aucune réserve lors de l'enquête préalable à laquelle les impétrants furent soumis.

Actuellement les eaux douces de Saint-Georges, de

____

(1) 1º Le pont de la Paluel; 2º la Goutte Robert; 3º le ponceau de la Goutte; 4º le pont de la Ruffèle.

Roz-sur-Couësnon, de Saint-Marcan, de Saint-Broladre et d'une partie des Marais de Baguer-Pican, traversent toute la région nord-est des Marais avant d'aboutir, par le Bec-à-l'Ane, au Guyoul (1) : c'est ainsi que, privées d'un débouché direct dont le parcours n'était que de 2 à 3 et à 4 kilomètres au plus, elles fluent lentement pour rejoindre la Vieille-Banche et pour arriver au Vivier après avoir parcouru de 12 à 16 et à 20 kilomètres au moins.

Heureux sont les propriétaires de la haie de Kercou et du Pont-Labat quand, par suite d'un bon entretien, le chemin de Launay-Baudoin à la Mulotais reste étanche, ainsi que le ci-devant Pont-don-Raoul : dans le cas contraire, les eaux dérivant de la partie orientale des Marais se rendent par une pente naturelle dans ces bas parages et les submergent.

L'obstruction des ponts de la digue de Sainte-Anne a motivé diverses propositions tendant à suppléer ces ouvrages, mais aucune ne résout économiquement ni utilement la difficulté.

Comment, en effet, corrigerait-on la longueur des canaux qui transportent cinq fois plus loin l'eau de la même source, et qui, après l'avoir contenue vingt fois

---

(1) Depuis la construction du pont d'Angoulême, dont il sera parlé plus loin, la Vieille-Banche débouche directement dans le Guyoul, tandis qu'autrefois elle débouchait dans l'anse de marée du Vivier.

plus longtemps dans les Marais, la livrent au débit par un orifice commun à d'autres canaux ?

Un bon procédé d'écoulement doit réunir deux qualités essentielles : économie et efficacité.

Les moins onéreux sont les canaux les plus courts, toute chose égale d'ailleurs. (1)

Les plus efficaces sont ceux qui aboutissent au réservoir commun par un orifice isolé.

Eh bien ! dans le nord-est des Marais, c'est la règle diamétralement opposée que l'on a suivie : sur une contenance de 3,000 hectares on a developpé, pour conduire les eaux au rivage (qui confine ce territoire sur 12 kilomètres), 71,094 mètres 10 centimètres de canaux !

Il n'en aurait pas fallu le quart si l'on avait conservé les ouvertures primitives : il n'en faudrait pas la moitié si l'on voulait mettre à profit le voisinage do la mer (2).

Le moyen de prévenir les inondations et d'économiser sur l'entretien ne consiste pas à multiplier les méandres; le curage d'un bief traversant les grèves et emportant directement les eaux serait moins dispen-

---

(I) La création de canaux est de la plus grande simplicité dans les Marais; l'entretien est relatif à la densité des terres.

(2) Les 71 kilomètres de canaux, servant à la partie nord-est des Marais, se décomposent ainsi :

38,953 m. 60 c. de canaux dont l'entretien est à la charge du Syndicat.
32,130   50   id.   id.   id.   des riverains.

dieux et produirait des résultats plus certains que les 18 lieues de canaux qui serpentent dans les Marais blancs et le Bocage de Cherrueix (1).

DENOIEMENT

DES MARAIS NOIRS

Les plus grandes marées étant enfin contenues par les endiguements; les Dunes étant infranchissables aux termes des plus vives eaux, restaient les Marais noirs dont la submersion se prolongeait annuellement jusqu'à la saison d'été. De tous les ordres du jour du Syndicat il n'en fut pas de plus pressant que celui qui appelait à délibérer sur les voies et moyens d'obtenir le dessèchement des Marais noirs pendant toutes les saisons.

Comme l'entreprise en valait la peine on la confia à des hommes plus élevés en grade que ceux que le Syndicat emploie ordinairement. Les plans et les devis

---

(I) Les résultats actuels sont si peu satisfaisants qu'au moment d'écrire ces lignes les Marais blancs sont submergés : le défaut de curage des canaux et la longueur de ceux-ci sont les principales causes des dégâts.

ayant été préparés, puis approuvés, on vota les fonds destinés à y faire face.

Les dépenses extraordinaires affectées à des travaux exceptionnels ne modèrent le prélèvement de l'impôt ordinaire que dans un avenir plus ou moins éloigné.

Il y avait dans ces projets deux idées louables : la première, toute philanthropique, devait mettre fin aux fièvres paludéennes et autres épidémies; la seconde, tout entière à la spéculation, se rattachait à la jouissance paisible des bas-marais dont la richesse productive est adéquate à l'assèchement.

Au premier rang des causes qui annulaient l'effet utile des anciens grands canaux de dérivation, se faisait remarquer le moulin de Blanc-Essay, sur le bief Jean; ce phénomène, né des priviléges de mouture, rapportait, à lui seul, une rente seigneuriale de 180 boisseaux de froment de Marais. Pour le détruire, le Syndicat paya 19,000 fr. à l'héritier de la puissante maison qui l'avait fait construire (1).

Après avoir débarrassé l'embouchure du bief Jean d'une usine si anormalement établie, le Syndicat fit abaisser le radier du pont de Blanc-Essay, et calibrer les orifices d'égout d'après la jauge des canaux qui y aboutissaient.

Malgré les dispositions prises sur des calculs qu'on

---

(1) Cette transaction eut lieu dans les premières années du siècle actuel.

croyait exacts, les résultats ne répondirent pas à l'attente du public : la durée de la submersion des Marais noirs en fut amoindrie, mais non la fréquence.

Au Vivier, on construisit un pont monumental qui permit de porter l'embouchure du Guyoul à 500 mètres vers la mer, et de prolonger la digue de la Larronnière de façon à enclore l'anse de marée que circonscrivait la digue de Saint-Julien.

Diverses circonstances politiques favorisèrent cette entreprise, pour laquelle le Syndicat paya une très-grosse somme d'écus comptants, et sans qu'on se fût adressé à lui pour mettre à profit son savoir et son expérience.

Malheureusement, encore ici, le nouveau pont, qu'un prince du sang voulut bien qualifier de son nom et inaugurer de sa personne (1), n'offrit aux écoulements qu'un insuffisant débouché.

Le mal n'avait pas été attaqué à sa source véritable; mais la persévérance à le guérir ne faiblissait pas de la part du Syndicat.

Encore une fois l'assemblée confia à d'autres hommes spéciaux le soin de dissiper les derniers vestiges d'une calamité contre laquelle le pays se récriait à bon droit.

D'autres projets furent présentés, d'autres voies et

---

(1) Le duc d'Angoulême.

moyens furent rétablis : on débuta par le centre, cette fois.

Le bief des Planches qui traverse le Pont-Labat fut rectifié et creusé sur une pente réglée dans la traverse du Bocage de Mont-Dol jusqu'au Vivier; là on le fit passer en syphon sous la Vieille-Banche dans laquelle débouchaient les Essays qu'il était destiné à remplacer ; on le fit suivre un cours isolé dans la traverse de l'ancienne anse de marée de Saint-Julien, et enfin on le mit à déboucher à l'aval du Pont-d'Angoulême au moyen d'un orifice pratiqué dans la culée droite de ce pont. Afin de compléter le projet du dénoiement du Pont-Labat, on coupa les eaux de la Vieille-Banche au Pont-Don-Raoul, on releva le chemin de Launay-Baudoin à la Mulotais, afin que les eaux des Marais blancs suivîssent le chemin du Bec-à-l'Ane et ne vînssent plus par conséquent submerger les basses-terres les plus rapprochées de Dol (1).

Pendant plusieurs années les populations se félicitèrent des succès obtenus : de toutes parts on pronostiqua même la cessation de toute inondation ultérieure;

----

(1) L'obstruction du Pont-Don-Raoul et la chaussée de Launay-Baudoin sont d'œuvre d'art : il s'ensuit que les quartiers submersibles par l'eau douce, au nombre de trois, naturellement formés par les sillons de Dol et de l'Ille-Mer, sont actuellement au nombre de quatre. Si cette subdivision a pour avantage d'empêcher l'accumulation des eaux dans un bassin, elle oblige à une surveillance plus active de l'entretien des canaux et de la chaussée artificielle.

le Pont-Labat devint le jardin de Dol. Il est évident, en effet, que les inondations n'auraient pas reparu aux portes de la ville si l'on avait tenu compte des prévisions ingénieuses d'après lesquelles le canal des Planches n'avait été créé que pour débiter les seules eaux du Pont-Labat, et non celles des Marais blancs; d'après lesquelles encore, et sur le simple examen de l'exiguité de l'appareil d'écoulement, il est démontré qu'aucun obstacle, produisant l'encombrement du lit, des ponts et du syphon, ne doit être négligé.

Le succès obtenu de la canalisation du bief des Planches encouragea les membres de l'association syndicale à recourir au même procédé pour obtenir le dessèchement de la Bruyère : les plans et les devis, les voies et moyens ne firent pas défaut. L'activité qu'on déploya dans cette circonstance fait honneur au Syndicat, aux ingénieurs et aux hommes que l'habitude a trempés dans les ouvrages où l'eau, la boue, le sable et la tourbe dominent.

Le bief Brillant, autrement dit la cheville ouvrière du dessèchement de ce vaste bassin, le plus noir de tous, de la Bruyère enfin (1), fut préparé pour servir de collecteur à différents Essays arrivant des bas-fonds

---

(1) Les fonctions du bief de Cardequin et du bief de Ceinture ne consistent nullement à puiser l'eau des bas-fonds de Roz-Landrieux, ni du centre de la Bruyère, mais seulement à soulager ceux-ci des affluents du Terrain, ou dérivant du Bocage.

les plus éloignés. Elargi et creusé dans toute sa longueur, il fut mis à déboucher à l'aval du pont de Blanc-Essay au moyen d'un orifice pratiqué dans la culée droite de ce pont, au lieu de déboucher en amont, comme cela se passait précédemment.

La marche et l'embouchure isolés du bief Brillant suffirent à préserver la Bruyère de toute inondation pendant sept années consécutives : si l'on voit aujourd'hui ce Marais noir fréquemment submergé, qu'on s'en prenne au défaut d'entretien des ouvrages dont le succès fut primitivement éprouvé.

La santé publique améliorée et l'exploitation d'un sol vierge de toute culture furent les premiers bienfaits acclamés du public; la location et le prix de vente des terres passèrent du simple au triple.

Hélas ! que l'activité et le piquant, généralement déployés dans l'exécution des travaux neufs, ne se soutiennent-ils quand il ne s'agit plus que de l'entretien ultérieur des ouvrages !

Tant que les travaux de dessèchements furent neufs, le but pour lequel on les avait entrepris fut atteint; mais sitôt que les hauts-fonds eurent réduit le calibre des biefs et des ponts les inondations reparurent.

Le dessèchement des Marais noirs fut projeté avec un art digne d'éloges; toutefois un examen attentif des travaux y fait découvrir une imprévoyance relative à la nature du sol sur lequel on opérait.

Que le jaugeage des eaux à écouler par les canaux fût calculé avec une précision mathématique; que les dimensions des bouches d'égout par lesquelles le débit à la mer devait s'effectuer fussent proportionnées au volume d'eau à débiter, il n'en est pas moins vrai qu'il se présentait d'autres considérations.

Qu'on retranche, en effet, les éboulements, les détritus végétaux et les sédiments terreux, la question eût été définitivement résolue; mais qu'est-ce que la composition physique du sol des Marais dont le dessèchement était proposé? C'est une matière tourbeuse, mobile à l'excès, prête à faire végéter toutes sortes de plantes aquatiques encombrantes; c'est un assemblage de causes d'obstructions de canaux de ponts et de syphons.

Pour peu que les préposés à l'entretien des travaux fussent détournés de leur service par une circonstance ou par une autre, les inondations devaient reparaître; c'est arrivé.

Eh bien, si, en prévision d'une œuvre ennuyeuse, comme celle de s'opposer aux envasements, on avait calculé moins strictement la dimension des vaisseaux circulatoires ouverts aux eaux douces, les proportions du problême n'eussent pas varié sitôt; attendu qu'une part plus sensible, étant faite aux coefficients, toute cause de retard au débit eût été dévoilée à l'instant même.

La vitesse acquise à l'eau, au moyen de passages étroits, n'est qu'une force désobstruante de second ordre dans la canalisation applicable aux Marais de Dol; le frottement du liquide contre des parois stratifiées de tourbe, d'argile calcaire et de sable coquillier, mine et précipite au fond des canaux toutes ces matières délitescentes : qu'on avise plutôt à rectifier le dédale de la canalisation actuelle.

Le temps n'est peut-être pas éloigné que pour faire face à l'exigence d'un entretien minutieux on modifiera la direction et la dimension des canaux dont le Syndicat a pris charge; et peut-être aussi ouvrira-t-on dans les culées, à gauche, des ponts d'Angoulême et de Blanc-Essay, des bouches d'égout opposées symétriquement à celles qui furent ouvertes en hors-d'œuvre dans les culées, à droite : ce qui porterait à quatre ouvertures des ponts qui n'en avaient primitivement que deux.

Supposant que la quatrième ouverture soit pratiquée un jour ou l'autre, on aura réduit la force réactive des grands cours d'eau, dont la dérivation remonte jusqu'au Terrain, et on aura facilité le cours des petits affluents dont la source existe dans les contre-bas des Marais noirs.

RÉSUMÉ

—

Pendant les diverses phases de l'exploitation des Marais on a vu surgir des tâtonne-
ments, des complications et des insuccès;
mais on n'a jamais aperçu de défaillance radicale, même dans les âges les plus reculés
en chronologie comme en application de travaux champêtres. L'attention n'a jamais dé-
vié du but de dominer les évènements, soit

qu'ils vinssent du côté de la mer, soit qu'ils vinssent du côté du Terrain.

Quelle population a donné plus de preuve de constance au travail d'intérêt public que celle des Marais de Dol? Quel pays, après tant de travaux, reste encore plus difficile à desservir ?

Que l'antagonisme des corvéables et de ceux qui les commandaient ait été un motif de retard à l'abiennement général ; que la lutte des intérêts entre les propriétaires du Bocage, des Dunes, des Marais blancs et des Marais noirs, auxquels incombe une taxe répartie sur des bases contestables, ait motivé le rejet de diverses propositions utiles à l'une ou à l'autre de ces divisions : toujours est-il que l'esprit reste tendu vers un âge meilleur.

En matière d'exploitation agricole d'un pays, le retard apporté dans une branche quelconque de l'économie pèse lourdement sur l'avenir. On a remué des masses de pierres pour construire des digues (1), des ponts, des ponceaux et des gouttes; on a déplacé, par millions, des mètres cubiques de terre et de vase pour creuser des canaux, pour en modifier la direction ou la profondeur : les paysans des Marais ont fait tout cela.

Dire, maintenant, que tous ces travaux ne sont efficaces qu'à la condition d'être parfaitement entretenus, et que, encore, les ingénieurs en proposent de nouveaux pour annuler ou modifier les anciens, n'est-ce pas là une situation équivoque : les populations

---

(I) Depuis l'entrée en fonction du Syndicat on a revêtu de perrés les anciennes digues de sable et de terre qui avaient clos les anciennes anses de marées : on a édifié de grandes digues en pierres au-devant des principaux villages des Dunes.

n'étaient-elles pas dignes d'un meilleur sort?

Et si l'on ajoute ensuite qu'il n'y a d'ins-
crit que des valeurs relativement nominales
au chapitre le plus important de l'actif agricole, ceci reste à démontrer.

CHEMINS DES MARAIS

Dans l'histoire rétrospective des Marais de Dol on touche à deux ordres de faits : l'un, primordial, se rattache à la maîtrise universelle ; l'autre, temporaire, dépend de la volonté, de l'activité et de l'amour social.

A la faveur d'un mouvement multilatère, la matière se transforme et se transpose pour obéir à Dieu et pour servir aux hommes : dans cet ordre, il ne se passe rien qui conduise à une réelle décadence ; c'est le contraire qui a lieu.

Et cependant les sociétés humaines les plus apercevables glanent çà et là sur les moissons voisines : est-ce par dédain de conduire elles-mêmes la charrue ? N'est-ce pas plutôt pour se donner la gloire de la faire conduire par d'autres ? même, les plus avides négligent la fine fleur des biens que Dieu a fait élaborer pour elles.

13

De siècles en siècles les Marais languissent faute d'une direction vivace imprimée d'en haut, et ils épuisent les forces tant de fois renouvelées d'en bas. Il n'est pourtant guère excusable d'alléguer son ignorance au sujet de la formation des terrains aquatiques : il est clair que ce sont les meilleures œuvres de la création, celles que l'homme doit le moins abandonner à la pourriture.

Si, comme tout le monde peut s'en convaincre, les travaux publics ont porté jusqu'ici sur les extrémités des Dunes, sur les Marais blancs et sur les Marais noirs; c'est-à-dire dans les Marais inhabités, n'est-il pas temps que le Bocage et les Dunes centrales, où les populations se sont fixées, et qui paient les plus forts impôts, participent aux améliorations dont l'urgence est acclamée. On a dit précédemment que plusieurs chemins rayonnent autour du Mont-Dol, mais on n'a pas fait connaître la vérité sur ce qui les concerne ; car, quels chemins !

Il n'y a que les habitants des Marais à savoir que naguère les voies de communications étaient toutes impraticables : même cette grande route de l'État qui longe le Guyoul et côtoie le littoral, seyait-il de la qualifier d'un titre monarchique, il y a moins d'un demi-siècle ?

Ayant à s'entretenir des chemins on peut dire qu'ils étaient autrefois radicalement égaux en impraticabilité :

les plus somptueux châteaux comme les plus modestes
chaumières étaient desservis par des chemins plus ou
moins spacieux, mais qui tous étaient également effon-
drés. Il n'y avait d'inégales que les conséquences de
ce triste état de lieux ; et, en effet, de la chaumière il
fallait aller travailler aux champs avant d'en rapporter
la moisson : toutes les allées et venues du service agricole coûtaient cher par la perte du temps, par la fatigue,
par les maladies que les hommes et les animaux con-
tractaient au milieu de la boue, de l'eau et des fondrières.

L'ère nouvelle de l'exploitation rurale ne date que
du jour où les législateurs ont bien voulu mettre leur
propre expérience au service de l'homme des champs ;
que du jour où, imprimant une nouvelle direction à
leur mandat, ils ont préparé l'avènement des petits
chemins vicinaux pour relier entr'elles les grandes
routes.

Procédant de l'organisation à la classification de la
voirie, il n'est pas sans intérêt de connaître l'application qui en a été faite dans les Marais ; la voici :

1° Une seule route de l'État ;

2° Une seule route départementale ;

3° Une seule route de grande communication ;

4° 27 kilomètres de chemins vicinaux empierrés ;

5° 1 kilomètre de chemins empierrés dans les
Marais noirs, qui contiennent 5,800 hectares ;

6° 1 kilomètre 1/2 de chemins ruraux empierrés et réparti en quatre tronçons pour desservir 7,520 hectares habités par 9,282 habitants.

1° La route entretenue aux frais de l'État porte le n° 155 ; elle a 16 kilomètres de longueur : sur 7 kilomètres elle traverse le Bocage, et sur 9 elle cotoie les grèves; sur ce dernier parcours elle n'offre que peu d'utilité à l'exploitation agricole.

2° Le département n'a pas construit de route dans les Marais ; quand celle de Dol à la Gouesnière fut ouverte, nivelée et empierrée à frais communs par Dol et les communes qu'elle traverse, il en prit l'entretien à sa charge. Pendant les dix années qu'on mit à achever cette route, on y affecta les principales ressources des chemins vicinaux ordinaires, ce qui a retardé d'autant l'exécution de ceux-ci.

La route de Dol à la Gouesnière a 12 kilomètres de longueur, elle traverse la partie du Bocage la plus rapprochée de la Bruyère.

3° La seule route de grande communication qui existe dans les Marais de Dol est bien moins destinée à faciliter l'exploitation rurale qu'à relier des villes entr'elles : après avoir traversé, dans la partie la plus étroite, le Marais blanc de Sainte-Anne, elle touche le Bocage de Cherrueix sur 2 kilomètres, elle rejoint ensuite les Dunes de Cherrueix et aboutit à la route n° 155 sur les Dunes du Vivier. Cette voie de grande communication ne traverse que 8 kilomètres de Marais : en attendant qu'elle soit achevée à travers le Terrain jusqu'à Pontorson, en Normandie, elle absorbe une grande partie du contingent affecté aux chemins vicinaux ordinaires, et elle en retarde considérablement l'exécution (1).

4° Les chemins vicinaux ordinaires et d'intérêt commun sont à l'état d'entretien sur une longueur de 27 kilomètres comprenant douze tracés différents et dépendant de six communes entièrement situées dans les Marais, plus quatre communes riveraines.

5° Le kilomètre de chemins empierrés dans les Marais noirs se décompose de la manière suivante :

700 mètres en Pont-Labat ;

100 mètres au Fédeuil ;

200 mètres sur la levée de l'Ille-Mer (2).

6° Les chemins ruraux, tout nombreux qu'ils sont dans le Bocage et sur les Dunes, où le morcellement en a fait une nécessité, ne sont comptés que pour 1,500 mètres à l'état d'empierrement et sur quatre tronçons.

Le sol des Marais noirs, moins divisé parce qu'il n'est entré que dans ces derniers temps dans le do-

---

(1) Voilà bientôt dix ans qu'on y travaille.

(2) Ces détails dispensent de tout commentaire.

maine de la culture (1), n'est desservi qu'au moyen d'un nombre assez restreint de chemins ruraux ; mais tous sont impraticables pendant neuf mois de l'année.

Dans les Marais blancs, les chemins ruraux n'ont été et ne sont l'objet d'aucun soin qui les rende praticables ; après la moindre pluie, non qu'ils soient submergés, ils deviennent glissants et défoncés par les pieds des bestiaux, de même que sous le plus léger fardeau des charrettes en circulation.

Quelque élevées que soient les plaintes des populations au sujet du fâcheux état des chemins ruraux, elles ne peuvent égaler, nulle part, en légitimité celles des cultivateurs des Marais de Dol.

L'exploitation de ce pays, qui fut jadis si pernicieuse à la santé publique, n'est encore, à l'heure qu'il est, comparable qu'à des ateliers insalubres, comme on en trouvait autrefois dans les villes ; mais que l'au-

(1) Le bassin de Pont-Labat, plus élevé et moins étendu que ceux de la Bruyère et de la Grande-Rosière, est très-morcellé ; cela tient à ce que la mer, l'ayant recouvert à peu près partout lors de l'époque aquatique, l'a rendu plus fertile par les alluvions marneuses; et à ce que, par conséquent, il fut jadis l'objet de nombreuses demandes d'arrentement.

torité a fait modifier ou fermer en vue de la conservation des ouvriers.

Tout n'est pas pour le mieux quand la spéculation
ne prend pas en charge les principales améliorations
dont la campagne a besoin; tout est fallacieux, au
contraire. Combien serait-il plus louable d'imiter en
cela la pratique suivie depuis longtemps dans les villes
où les lois sur l'hygiène, sur la bienfaisance et sur la
maternité, s'imposent à bon droit.

Loin d'ici toute critique de détail sur les moyens
d'exploiter les territoires : on sait tous les embarras
qu'on entasserait devant soi si l'on cherchait à obvier
à tous les dangers : que serait-ce s'il fallait descendre au chapitre des incommodités.

Rajeunis par les révolutions de la mer, les Marais
se prêtent avantageusement aux desseins des spécu-
lateurs : les paysans, qui ne sont ni les plus en mesure
d'influer sur cette spéculation, ni en majorité dans les
débats qui s'y rattachent, ont fourni leurs bras et
autres instruments de travail au service des Marais
blancs et des Marais noirs qu'ils n'habitent pas. Si les
succès n'ont pas couronné leurs efforts, il serait injuste
de le leur reprocher, car leur autorité directe a rarement prévalu.

Rationnellement ils furent appelés d'abord à endi-
guer, puis à dessécher les Marais ; mais de ce qu'on
a mis 500 ans à confectionner des ouvrages, dont

l'entretien devrait n'être actuellement que la seule occupation, faut-il que les villages qu'ils habitent soient plus longtemps sacrifiés aux nécessités des divisions inhabitées ?

La gestion du Bocage et des Dunes est appelée à faire un meilleur emploi des impôts exceptionnels qui lui incombent.

Qu'est-ce que 27 kilomètres de chemins empierrés pour une population de 10,000 habitants qui exploitent 16,000 hectares d'un sol fertile au possible, mais morcellé au point de compter plus de 6,000 parcelles ?

Dans les pays de bois, de landes et d'autres localités relativement stériles, on ne trouve pas un tel arriéré dans la voirie rurale ; cependant, le morcellement y est moins accusé, et la résidence des exploitants est plus rapprochée des champs d'exploitation.

Le retard exceptionnel qui pèse sur la situation économique des Marais de Dol ne se relèvera pas sous la seule puissance des mesures légales qui suffisent à d'autres localités : qu'on crée d'autres ressources, ne fussent-elles que de voir renaître l'entrain et l'enthousiasme qui présidèrent, dans le temps, à la construction de la digue merveilleuse de Sainte-Anne au Pas-au-Bœuf.

Nulle part au monde, peut-être, le travail en commun n'a reçu de plus dures applications que dans les Marais de Dol : les habitants ont longtemps lutté contre les marées, la séparation est maintenant complète. Ils ont lutté contre l'eau douce , mais la conquête a souvent divagué : il reste encore quelques choses à faire de ce côté, mais c'est peu.

Une autre question se présente , elle est constamment à l'ordre du jour dans toutes les communes de l'Empire : le service vicinal et rural aura-t-il un terme dans les Marais?

Quoi de plus simple cependant que de mettre en état convenable tous les chemins du pays-bas ?

Le niveau n'y varie pas de plus de trois mètres sur une superficie de 16,320 hectares, des centaines de chemins sont ouverts dans toutes les directions : il n'est besoin ni de remblais ni de déblais.

De la pierre brisée et placée en saison favorable ; des approvisionnements réguliers : voilà tout le mystère.

Les devis? Mais ils n'approcheront pas de ceux que l'on adopta pour sauvegarder les Marais blancs et les Marais noirs; on est certain à l'avance du concours des habitants, pour les chemins traversant les villages, et de leurs libéralités pour effectuer gratuitement les transports de pierres destinées à rendre économiques leurs exploitations.

N'ayant pas à douter de ces dispositions, à quelle autorité reviendra l'honneur de décider que dans vingt ans tous les chemins vicinaux seront achevés dans les

Marais ? Et que 30 ans après les chemins ruraux seront rendus praticables dans toutes les saisons. Impenses nécessaires, actualité sans 'pareille, est-il de plus nobles mobiles (1) ?

Assez dit sur les chemins; qu'une force d'impulsion jaillisse proportionnée au besoin; autrement l'âge moderne, dont l'activité a pour stimulant l'extension du droit et du devoir, échouerait aux mêmes écueils que les âges passés.

Serait-il possible que Dieu n'eût ordonné à la mer de ranger les riches matériaux composant le bas-pays que pour confondre d'incapacité ceux qui en ont la possession ?

Non, les signes du temps sont moins sinistres : on adoptera un jour ou l'autre, après mûre délibération, les mesures indispensables à la santé et à l'emploi économique des travailleurs.

Charmés, à ce moment, des soins dont ils seront entourés, les enfants des Marais apprécieront que leur existence est aussi favorisée que celle des autres régnicoles, et ils oublieront sans regret celle qu'ils ont tolérée jusqu'ici.

---

(1) A l'instant d'imprimer ces lignes, est descendue du trône une lettre dont les habitants des campagnes ne perdront jamais le souvenir ; l'Empereur a prescrit l'achèvement du réseau des voies vicinales dans le délai de dix ans. Que son auguste volonté soit faite dans les Marais de Dol aussi bien qu'ailleurs !

COMPTE FINAL

L'ordre naturel est ainsi posé que, pour que l'homme y puise la matière qui le vivifie, il ne faut pas qu'il s'adresse aux sites les plus gracieux ni aux plantes les mieux ornées. Qu'il s'adresse aux Marais, il y trouvera les productions alimentaires d'un climat tempéré ; il verra qu'on y en vend de toutes sortes, et qu'on n'y en achète d'aucune.

Si avec tout cela la richesse privée y est fréquemment en détrese, il ne tardera pas à s'apercevoir que le grenier d'abondance peut être rempli, sans que ceux qui sont chargés de l'approvisionner y aient fait de bonnes affaires. Il devinera aisément cette énigme en jetant un coup d'œil au fond de la bourse qui a payé :

1° Le prix de location de la terre.

2° Les charges publiques directes et indi-
rectes, ordinaires et extraordinaires.

3° Les mémoires dressés à la suite des maladies contractées dans un milieu insalubre
et au labeur exceptionnel de toutes les branches
de l'exploitation rurale.

4° L'entretien de la famille et les secours
aux auxiliaires.

A l'aide d'un traité d'union cimenté par
les intérêts connexes entre les titulaires des
revenus de location, d'une part, et les tribu-
taires des Marais, d'autre part ;

Avec une quotité réservée aux progrès
d'une économie rurale basée non sur le boire,
le manger, l'habillé, comme on est tenté de
le dire à la suite de rares occasions, mais sur
les procédés de simplification du travail et
d'assainissement du corps :

On procèderait, sans secousse, de l'existence matérielle à celle non moins utile qui
élève, lie et rend prospères toutes les sociétés.

La loi, cet attribut social élastique, en tant

qu'elle est appliquée à l'économie industrielle et agricole, ne fera-t-elle aucun cas des charges attachées à l'exploitation des Marais, ni du travail hérissé d'obstacles qui s'y est accompli, qui s'y poursuit, et qui est si nécessaire prochainement?

L'histoire des corvées, grâce auxquelles des barrières ont été opposées à la mer ; avec lesquelles on a ouvert des écoulements aux eaux douces : les sacrifices du repos et de la santé des corvéables ; en un mot, le passé glissera-t-il aux pieds des pouvoirs sans en pénétrer aucun membre : est-ce que personne n'éprouvera d'émotion en entendant raconter les péripéties des Marais et de leurs habitants, et ne prendra un vif intérêt à leur avenir?

Ah ! cependant, qu'ils sont rares les hommes des champs qui ont transporté des montagnes de pierre, de terre et de sable pour conquérir un coin du monde où ils pussent rêver le bien-être et la liberté.

Voilà qu'après tous leurs travaux ceux qui

restent à entreprendre sont si grands que pour les accomplir il ne suffit pas de suivre les errements du passé : ils sont si nécessaires que s'ils étaient différés trop longtemps ils provoqueraient des résolutions nouvelles.

Ne sait-on pas que les habitants des Marais ont mis en pratique l'émigration dans des temps difficiles : s'ils se voyaient condamnés aujourd'hui à perpétuer leur existence dans des conditions inférieures à celles de leurs compatriotes n'iraient-ils pas partager la bonne fortune des habitants des villes et des pays où l'on s'occupe, avec une haute raison, de la santé publique, des procédés économiques du travail, et du crédit universel ?

Que le bien-être et la liberté, qui sont les trésors de l'homme dans la généralité de l'Empire, ne restent pas en arrière dans les Marais, après y être restés, jusqu'ici, en avant : insensé qui ne le suit pas.

OBSERVATIONS

PREMIÈRE OBSERVATION

Sur le creusement des Marais.

Avant d'être un bassin creusé par les eaux, le pays situé entre Granville et Dol, entre Avranches et Cancale, était formé d'un assemblage de matériaux que le calorique avait préparé à la désagrégation.

Durant l'époque ignée, qui précéda l'époque aquatique la plus ancienne, les roches qui servent aujourd'hui de charpente au continent éprouvèrent des transformations variables selon le degré de conductibilité que chacune d'elles offrit au calorique; il y en eut qui furent soulevées en masse et seulement crevassées; d'autres furent divisées en lames qui sont restées à plat, tandis que sur d'autres points ces lames sont inclinées en sens contraire et de manière à former une voûte dans l'axe du soulèvement d'autres éclatèrent en fragments amorphes; d'autres prirent la forme de noyaux enchassés dans la masse.

Les lignes de démarcation ne sont pas plus tranchées entre ces différentes roches qu'elles ne le sont pour d'autres productions de la nature; cependant elles ne sont pas tellement confondues qu'on ne puisse les reconnaître sur un certain espace : ainsi on ne trouve pas plus de roches dans les Marais qu'on ne trouve de sable coquillier ni d'argile calcaire au sein des roches du continent dolois.

Au fond, on ne doit attribuer une autre origine aux reliefs du Terrain que celle d'un travail igné; ni d'autre cause au creusement des Marais que celle de l'eau qui emporta au loin toutes les roches désagrégées qui garnissaient ce pays, et dont le Mont-Tombelaine, le Mont-Saint-Michel, le Mont-Dol et le Rocher de l'Ille-Mer sont les derniers témoins.

Admettant qu'un état d'ignescence général ait précédé la constitution actuelle du continent, on passe sans obscurité aux phénomènes objectifs de l'agencement de la matière toute prête à subir l'action subséquente de l'eau.

Les masses rocheuses ayant pris leur aplomb, tous les reliefs qui confinent le golfe, les ravins et les vallées étant dessinés, il en résulta un agencement nouveau, ayant l'eau pour moteur.

Sous le règne du feu, toute l'eau était vaporisée ; à la suite des modifications éprouvées par la matière solide, considérée tant sous le rapport moléculaire que sous celui de la forme, la vapeur d'eau se condensa autour des aspérités rocheuses comme elle fait en passant dans le serpentin d'un alambic ; cette vapeur composa dès lors l'eau liquide qui poursuit sans cesse un nivellement qui n'est de mise qu'en théorie.

Au sublime début des premières gouttes d'eau, les matières solubles vaguèrent dans l'espace ; dès qu'il y eut un ruisseau les corps déliquescents furent entraînés ; avec les rivières et les fleuves, les matières divisées abondèrent de toutes parts.

Par les condensations et les évaporations successives, les résidus de la distillation et les produits de la fluctuation furent assemblés dans les bassins aquatiques.

***

Sous le règne de la mer, toute matière éparse fut agitée ; les flots, non encore alités, la transportèrent

14

pendant le flux comme pendant le jusant jusqu'à ce qu'elle fût fixée. La mer, ayant pour tendance de lancer au plein tout ce qui lui fait obstacle, jeta les cailloux, le sable et la terre au plus loin. L'effet des mortes-eaux et des petites marées se traduisit par des barrages contre lesquels les petits cours d'eau ne purent lutter; les grands cours d'eau invincibles rapportèrent au réservoir commun des quantités de matières que les grandes marées reprirent pour les projeter définitivement en dehors de la sphère d'action des eaux pluviales.

Ce va-et-vient de deux forces motrices, dont l'ascendante dépend des marées et la descendante dépend des cours d'eau, explique comment la matière déliquescente a toujours fait retour à la mer, et comment la matière la plus insensible à l'eau a été la première fixée.

Il était important de mettre en note le rôle si actif des marées et des cours d'eau dans le pays dolois; comment interprèterait-on, sans lui, les dépôts terreux dont la couche est si variable et dont l'assemblage constitue les différents degrés de fertilité?

En poursuivant ces recherches, on arrive à s'expliquer, sans peine, les dispositions spéciales qu'ont reçues les vallées, à savoir : que les rives droites sont fondées sur le roc et coupées plus ou moins à pic, tandis que les rives gauches ont pour base l'argile

jaune et sont disposées en collines. Lorsque les dépôts argileux se dessinent en grands reliefs, on se
convainc qu'ils ont eu pour origine des cours d'eau
assez puissants pour entraîner des cailloux et les mê-
ler à ces dépôts. Lorsque les dépôts sont moins élevés on s'aperçoit qu'ils ont été formés par des eaux
tranquilles et sur des parties rapprochées du fond des
vallées; l'argile y est presque pure et les cailloux
roulés y font défaut.

Que si l'on tient à savoir où furent transportés les
matériaux qui garnissaient le vaste bassin compris dans
l'encadrement formé depuis Granville à Cancale, et
dont les collines doloises figurent dans la perspective
la plus éloignée, on en fasse la recherche aux détours
qui marquent l'origine des grandes vallées, et on les
reconnaîtra dans le sous-sol imperméable des landes.
On voit, en effet, ici un colmatage composé de glaise,
de sable minéral et de cailloux roulés; à la vérité, les
grèves ne renferment plus la terre glaise et le sable
de même nature que dans les landes, mais il y reste
encore des cailloux arrondis de même nature que les
premiers: la mer en jette de temps en temps des spécimens au rivage, et notamment sur la grève située
entre Cancale et Château-Richeux.

DEUXIÈME OBSERVATION

Des rapports anciens de la mer
avec le continent dolois.

Remontant à la domination de la mer sur les collines qui dessinent le fond du golfe dolois, c'est-à-dire, longtemps avant l'existence de la forêt de Scissy, on reconnaît que, au temps du creusement des Marais et des grandes vallées qui devaient y aboutir, il y eut une si grande quantité de matières mises en fluctuation qu'il fût impossible que les coquillages pussent s'y multiplier.

Il n'en fut pas ainsi dans le bassin de la Rance, qui n'est séparé des Marais de Dol que par le promontoire de Châteauneuf : on constate, en effet, qu'il se passa ici une pullulation extraordinaire des coquillages bivalves, ainsi que de ceux qui vivent dans des involucres. C'est que, apparemment, le bassin de la Rance fut déblayé plutôt que les Marais de Dol ; parce que les courants y étaient plus actifs, et parce que, aussi, la matière désagrégée y était moins abondante. Si l'on ajoute à ces explications celles qui ont été fournies précédemment sur les conditions que doivent réunir les grèves pour être fertiles en coquillage, on devine comment des mornes entièrement formés d'alluvions coquillières se rencontrent au Quiou, à Tréfunel et à Saint-Javast

En s'élevant plus loin dans la Vallée de l'Ille, qui est un affluent de la Rance, on remarque d'autres dépôts de mer : à Feins, par exemple, on trouve une substance marneuse additionnée de coquillages, laquelle substance contraste avec celle du Quiou qui est exclusivement coquillière. Déduisant de ces observations les conséquences rationnelles, il faut croire que des changements profonds étaient survenus depuis le temps où la mer formait les dépôts de Feins à celui où elle formait les dépôts du Quiou.

Comparant ces dépôts avec ceux qui forment les Dunes des Marais de Dol, on arrive à constater que ceux de Feins renferment beaucoup de marne et peu de coquillages entiers ;

Que ceux du Quiou renferment des coquillages purs dont la pétrification s'est développée au point qu'on s'en servait, dès les premiers temps historiques de la contrée, à la construction des châteaux et des chapelles ;

Que ceux des Dunes des Marais de Dol sont analogues à ceux du Quiou, moins la pétrification ;

Quant aux espèces de coquilles, elles sont les mêmes à Feins, au Quiou et aux Dunes des Marais.

Délaissant les considérations d'après lesquelles la

mer s'était élevée, par la Vallée de l'Ille, bien au-delà de Rennes, et, par la vallée de la Rance, bien au-delà de Montauban, il n'est déjà pas mal curieux de connaître, à l'aide du repère que la mer a gravé au Quiou, le niveau qu'elle exerçait sur le continent dolois où elle ne laissa que des traces éphémères de son règne ; et cela pour des raisons fournies précédemment.

Etant appris que le bassin coquillier de la Rance est à 26 mètres au-dessus du niveau moyen de la mer actuelle, on doit en inférer que la mer est descendue de 26 mètres de la hauteur qu'elle avait à l'époque où elle jetait au plein les coquillages du Quiou. Connaissant, au moyen des plaques du nivellement général de la France, lesquelles sont apposées sur différents points de la route impériale n° 176, dans la traverse de Dol et des collines limitrophes des Marais, la hauteur moyenne de la mer comparée à ces points, il est facile de démontrer que, dans le temps que les falunières du Quiou furent déposées, la mer occupait le continent dolois de la manière suivante, savoir :

1° Le bas de la rampe des Bégauds, en Baguer-Pican, coté aujourd'hui à 23 mètres au-dessus du niveau de la mer, était submergé autrefois de trois mètres.

2° Le pont de la Feuillade, situé à l'extrémité du faubourg de la Chaussée de Dol, étant coté à 14 mètres au-dessus du niveau actuel de la mer, était autrefois de 12 mètres au-dessous.

3° La Halle aux Grains, située sur un point culminant de la ville de Dol, étant cotée à 22 mètres au-dessus de la mer actuelle, était de 4 mètres au-dessous.

4° L'hospice de Dol, coté à 11 mètres au-dessus du niveau actuel, était autrefois de 15 mètres au-dessous de la mer.

5° La Maladrie, cotée à 25 mètres, était arasée par la mer.

6° Le Pont du Moulin d'A-Bas, coté à 10 mètres, était à 16 mètres sous la mer.

7° Ville-de-Bidon, village de Ros-Landrieux, coté à 12 mètres en plus, était de 14 mètres en moins.

Il serait facile de relever de cette manière différents autres points, si l'on tenait à connaître dans quels rapports ils furent jadis avec la mer.

Ecartant de ce genre d'indications les détails concernant les marées, dont la variation s'exerce sur une échelle de 16 mètres et même au-dessus, on laisse à chacun le soin d'y suppléer à sa manière.

TROISIÈME OBSERVATION

A quelle distance de Dol le retrait de la mer s'effectua-t-il pour permettre à la forêt de Scissy de s'implanter dans les Marais?

Dans les temps que la mer constituait les mornes coquilliers du Quiou, elle couvrait de 24 mètres, en moyenne, le grand bassin des Marais de Dol (1).

Pour vérifier à quelle distance elle se retira, il suffit de noter la pente que prit le lit vaseux sur lequel elle reposait.

Procédant dans ce sens, on trouve que la base de déclination est toute tracée au fond des lits creusés pour la dérivation des grands cours d'eau, et notamment pour celui du Guyoul.

Eh bien, le seuil de la rivière du Guyoul repose du côté de Dol sur la même terre qui servit d'appui à la forêt : les coërons et autres débris forestiers se remarquent à la partie inférieure des talus. Du côté du Vivier, on trouve un point également précis, dans le banc d'huîtres observé à l'embouchure du canal de dé-

---

(I) On admet ici que le sol sous-forestier de Scissy est de 2 mètres plus élevé que le sous-sol ou la grève sur laquelle les falunières du Quiou ont été déposées.

rivation du Guyoul : ce banc d'huîtres repose, aussi, sur le sol où la forêt avait ses racines.

Etant constaté que la pente du seuil du Guyoul, qui indique, sur une longueur de six kilomètres, le véritable fond du territoire de Scissy, est de 50 centimètres par kilomètre, on conclut que la mer, ne rencontrant aucun écart subit de nivellement sur ces grèves, se retira à 48 kilomètres de Dol, ou autrement dit à 24 mètres en contre-bas du pied des collines du sud des Marais; et que la forêt de Scissy contenait environ 114,240 hectares, ou sept fois plus de surface que les Marais actuels.

QUATRIÈME OBSERVATION

Ce qui prouve que la mer n'a pas renversé tous les arbres de la forêt de Scissy et que les coërons que l'on exploite n'ont éprouvé que les effets de la stagnation des eaux douces·

Lorsqu'on examine la disposition jacente des arbres fossiles, ou coërons, on s'aperçoit que, en général, ils ont les racines du côté de l'ouest et la cime du côté de l'est; on reconnaît ensuite que le nombre en est d'autant plus grand qu'on approche davantage des bassins d'eau douce, ou bien qu'on y pénètre.

Cela se comprend aisément quand on a bien suivi les phases de l'époque aquatique.

Il est appris, en effet, que les coërons qui furent flottés par la mer sont recouverts d'une couche de marne ; qu'on sache bien, en outre, que couchés de l'ouest à l'est ils ont été déposés parallèlement aux flots qui avançaient sur la forêt horizontalement du nord au sud ; absolument dans le même axe que les flots qui parcourent les grèves actuelles.

Les coërons qui ne sont pas recouverts de marne sont moins enfoncés dans le sol, attendu que la couche qui les recouvre n'est formée que des détritus des végétaux lacustres, mêlés de sédiments des eaux douces. Les arbres qu'ils représentent, ayant eu les racines constamment plongées dans l'eau douce, depuis la formation du barrage marin qui délimite le Bocage d'avec les Marais noirs, furent bientôt ébranlés, puis renversés par les vents d'ouest ou de sud-ouest qui règnent dans ces parages à l'état de tempête et qui, depuis qu'on a pu se livrer à la plantation des bois blancs, en ont culbuté des rideaux entiers.

Les coërons que l'on exploite sont situés dans les Marais noirs, et cela se conçoit : n'étant recouverts que d'une couche de détritus légers, et non de marne plastique, on peut facilement les reconnaître par le sondage, et ensuite les extraire avec une plus grande économie que ceux qui furent flottés par la mer, et enfouis par elle à une plus grande profondeur.

CINQUIÈME OBSERVATION

> Comment se fait-il que sur le sol marneux de la forêt de Scissy les chênes et les coudriers aient prospéré, et que, sur le sol marneux qui compose aujourd'hui la surface des Marais, ces mêmes essences d'arbres ne réussissent pas ?

La raison en est à ce que la nappe d'eau du sous-sol n'est plus aussi basse actuellement.

Pendant que la forêt de Scissy exista, la surface du sol allait en s'élevant, depuis la ligne des vives-eaux jusqu'à Dol, de 50 centimètres par kilomètre, et elle atteignait sous les collines doloises à 24 mètres au-dessus du niveau de la mer. Bien que depuis l'époque aquatique le sol ait été exhaussé par le refoulement et l'entassement des produits de la forêt, ainsi que par les alluvions marneuses et coquillières, il n'atteint actuellement que 6 mètres au-dessus des marées moyennes.

Les arbres à racines pivotantes pouvaient donc autrefois puiser, dans un sol profondément desséché, les éléments d'une saine végétation ; tandis qu'aujourd'hui la nappe d'eau étant plus rapprochée ne permet qu'aux arbres à racine traçante de prospérer.

A cette cause vient s'en joindre une autre qui tient

à la composition différente de la marne sous-forestière,
de celle qui compose le sol végétal actuel ; la première
est homogène : celle d'aujourd'hui contient des débris
coquilliers encore trop corrosifs. Que l'on ajoute à
ces motifs l'exhalaison des vapeurs méphitiques des
Marais noirs, et on saura pourquoi la végétation sylvestre n'est plus la même.

SIXIÈME OBSERVATION

Sur le système employé pour le dessèchement
des Marais.

Dans les temps que les couronnes de France et de
Bretagne s'attiraient, non pas en vertu d'une opposition électrique qui porte les corps à se repousser
aussitôt qu'ils ont éprouvé le contact, mais par une
loi d'affinité, le pays de Dol, administré par des
évêques sympathiques à l'annexion, se vit l'objet d'une
sollicitude souveraine, et il en avait grand besoin.

A cette époque mémorable, les rois de France,
appréciant les avantages que leurs peuples devaient
retirer du dessèchement des Marais, firent entrer dans
leurs conseils des hommes spéciaux dans l'art hydraulique, et ils leur confièrent les services qui s'y rattachent. C'est à l'école hollandaise qu'on doit de voir
dans les Marais de Dol des travaux de dessèchement,

dont la date est ignorée, mais dont les plans ont servi
à l'exécution du dessèchement des marais d'Arles,
dont l'histoire a conservé la date.

Les principes de cette école sont très-clairs, et ils
auraient triomphé en tous temps des submersions s'ils
avaient été appliqués comme ils méritaient de l'être :

1° D'une part, les eaux les plus éloignées, et conséquemment les plus abondantes, devant être conduites
au réservoir commun par des canaux établis sur les
parties hautes des Marais, et ne devant avoir aucune
communication avec les terres basses ;

2° D'autre part, les eaux les plus rapprochées, et
conséquemment les plus faibles, celles qui prennent
naissance dans les parties basses et les submergent,
devant être débitées au réservoir commun par les tracés
les plus courts et avant que la crue des grands canaux
se soit fait sentir à l'embouchure des affluents :

Voilà ces principes. Quelle application ont-ils reçue
dans les Marais de Dol ? C'est bien évidemment d'a-
près eux qu'on a dérivé les eaux du Guyoul, de Cardequin, des biefs Jean et Meneuc : c'est encore à leur
puissance qu'on s'est adressé pour creuser des Essays
et façonner des Gouttes; mais le tour de main ne s'est
pas fait voir.

Les grandes dérivations ont toujours primé la canalisation secondaire parce qu'on a fait suivre à celle-

ci des tours et détours infinis : en disant que pour dessécher le Marais de Dol, qui contiennent 16,000 hectares, on y a classé 192,323 mètres 79 centimètres de canaux, il ne reste rien à ajouter; vaudrait mieux retrancher dans la longueur des ouvrages.

Il y a plus d'un rapprochement à faire entre le travail de dérivation du Guyoul et le Vigueirat des Marais d'Arles ; il y a le même jugement à porter sur les résultats obtenus dans les Marais de Dol : Voici ce qu'en dit la *Maison rustique du XIXe siècle*, tome premier, page 134 : « Si tous ces travaux ne » produisent plus aujourd'hui leur effet, il ne faut » point en accuser le génie de Van Ens, mais la né- » gligence qu'on a mise à entretenir son œuvre admi- » rable. »

Malgré les avantages que l'on devait retirer de l'exécution des projets de dessèchement, dès le temps de la réunion de la Bretagne à la France, on s'attacha moins à les suivre qu'à les diversifier suivant les idées des nouveaux ingénieurs. On est encore actuellement (à l'occasion des submersions qui se renouvellent depuis une dixaine d'années pendant l'hiver), à agiter des projets nouveaux et de tous prix, comme si les anciens ne réuniraient pas les conditions de succès s'ils étaient complétés et entretenus; comme s'il fallait recommencer des Essays et des Gouttes alors qu'on les a laissés se combler.

Examinant le jeu des canaux secondaires destinés au dessèchement des Marais, on reste stupéfait de la conduite des eaux qu'ils doivent enlever; prenant pour exemple le fonctionnement des ouvertures qui passent en dessous de la voie ferrée depuis le Guyoul au bief Brillant (6 kilomètres), on en compte onze : neuf ponceaux et deux ponts.

Sous les neuf ponceaux, l'eau coule du nord au sud ; sous les deux ponts (le Fédeuil et le bourg de La Fresnaye), elle coule du sud au nord. Ceci veut dire que les eaux pluviales du Bocage et des Dunes font leur tournée dans la Bruyère, et y aggravent l'inondation, avant d'être reprises par les grands biefs qui les remportent dans la direction d'où elles sont venues, c'est-à-dire à travers le Bocage et les Dunes ; en présence de cette contre-marche. tout commentaire est superflu.

SEPTIÈME OBSERVATION

Du détournement de tous les cours d'eau dans la Rance.

La direction imprimée au dessèchement des Marais de Dol est et fut toujours des plus chancelantes : l'innovation prévaut encore sur la mise en jeu des plans anciens auxquels il n'a manqué qu'une exécution radicale. Toutefois, au nombre des projets les plus grandioses, il en est un qui mérite d'être examiné avec toute l'impartialité que commande l'auteur.

On agita effectivement autrefois la question de détourner le Couësnon pour le conduire, à travers les Marais noirs, à déboucher dans la Rance par une coupure de l'isthme de Châteauneuf.

Dans son trajet (36 kilomètres environ), le Couësnon fût devenu le collecteur de tous les cours d'eau grands et petits dérivant du Terrain, et des eaux pluviales répandues dans tous les Marais. La digue contre la mer n'étant plus percée, et le Couësnon ne l'affouillant plus du côté du Pas-au-Bœuf, eût été d'un entretien facile, disait-on.

Tout ingénieux que fût ce projet il est heureux pour les Marais qu'il soit resté dans les cartons. Dans les circonstances particulières qui ont été faites à la ville de Pontorson et à la société des polders du Mont-Saint-Michel, il n'y a plus à y penser dorénavant. Le Couësnon est canalisé directement sur le Mont-Saint-Michel. Il sert de chenal navigable et ne menace plus les digues bretonnes.

Si le détournement du Couësnon, et, avec lui, de tous les cours d'eau jusqu'à la Rance, eût eu lieu, les grèves, depuis le Mont-Saint-Michel jusqu'à Château-Richeux, seraient-elles entrées dans la phase d'exhaussement qui permet à l'État de les amodier ou de les concéder? Les digues seraient-elles rechaussées par les alluvions? Les coquillages et les poissons de la baie

de Cancale seraient-ils aussi abondants ? Et de plus si
le Guyoul, Cardequin, le bief Brillant, les biefs Jean
et Meneuc avaient cessé de traverser le Bocage et les
Dunes, les populations de ces contrées n'eussent-elles
pas éprouvé de grands embarras par suite de la pri-
vation d'eau courante ?

Avant de détourner, pour les envoyer dans la
Rance, un ou plusieurs biefs, ruisseaux ou rivières qui
affluent aujourd'hui au Vivier et à Saint-Benoît, qu'on
se demande si pour éviter un mal on ne tomberait pas
dans un pire : combien ne serait-il pas plus utile de
conduire certains cours d'eau descendant du Terrain à
travers les villages de l'intérieur des Marais, pour
faciliter aux habitants l'usage de l'eau potable !

FIN.

TABLE DES MATIÈRES

ÉPOQUE FORESTIÈRE

ÉPOQUE AQUATIQUE

ÉPOQUE AGRICOLE

OBSERVATIONS

FIN.

St-Malo. E. Renault, imp.

ERRATA

Page 85, ligne 14, au lieu de : *Gouesnière*, lire : *Quesmière*.

Page 90, ligne 10, — *si l'on y admettait*, lire: *si l'on n'y admettait*.

Page 196, dernière ligne, au lieu de : *qui ne le suit pas*, lire : *qui ne les suit pas*.